水丰水库常见浮游生物图鉴及生态特征研究

魏洪祥　编著

海洋出版社

2021 年·北京

图书在版编目（CIP）数据

水丰水库常见浮游生物图鉴及生态特征研究 / 魏洪祥编著 .
— 北京 : 海洋出版社，2021.10
ISBN 978-7-5210-0832-6

Ⅰ.①水⋯　Ⅱ.①魏⋯　Ⅲ.①水库 – 浮游生物 – 研究 – 辽宁
Ⅳ.① Q179.1

中国版本图书馆 CIP 数据核字（2021）第 211816 号

责任编辑：高朝君
责任印制：安　淼

海洋出版社 出版发行
http://www.oceanpress.com.cn
北京市海淀区大慧寺路 8 号　邮编：100081
鸿博昊天科技有限公司印刷
2021 年 10 月第 1 版　2021 年 10 月北京第 1 次印刷
开本：889mm×1194mm　1/16　印张：11
字数：280 千字　定价：98.00 元
发行部：010-62100090　邮购部：010-62100072　总编室：010-62100034
海洋版图书印、装错误可随时退换

浑江口采样站位

振江镇采样站位

沿江村采样站位

碑碣子村采样站位

大坝采样站位

水样采集

挂黑白瓶

底栖生物采集

浮游生物采集

理化指标检测

整理采集的样品

前　言

水丰水库是东北地区最大的水库，在中朝界河——鸭绿江上截流而成，现为中国、朝鲜两国共管共用。水库水资源十分丰富，在辽宁东水西调工程中为辽西地区的经济生活用水提供保障。水库内鱼类资源丰富，江面网箱养殖规模及经济效益也逐年增加，是当地群众赖以生存的宝贵资源。同时，水丰水库还是鸭绿江国家级风景名胜区的重要组成部分，生态环境对保障当地的旅游经济十分重要。

随着经济的发展，人们对水丰水库生态环境及自然资源的破坏日趋严重，水库面临着资源枯竭及生态恶化的危险。习近平总书记一直十分重视生态环境保护，党的十八大以来，多次对生态文明建设作出重要指示并反复强调"绿水青山就是金山银山"。当地政府也对生态资源的保护愈加重视，先后设立项目对其进行生态资源方面的调查与研究；辽宁省渔政部门自2003年已连续多年向水库投放大规格鱼种进行增殖放流活动，使库区渔业生态资源得到有效修复。

浮游生物体积微小，肉眼无法观察，只有依靠专业显微镜才能观察其形态。作者通过在多年的实际工作中积累的显微镜观察和种类鉴定的经验，对水丰水库的浮游生物做了显微镜观察鉴定并做了彩色实拍，以及对水库的水质理化指标、浮游动植物种类、群落生态特征及水体生产力等方面做了全面、细致的调查研究及分析之后，撰写了此书。本书图文并茂，信息丰富，填补了水丰水库此前尚无较为系统、全面、准确介绍此方面内容书籍的空白，旨在为广大从事水产养殖、水生态学研究、生态环境保护等方面工作的科研人员及行政管理人员提供参考资料，也为水丰水库日后在生态环境保护、资源修复及水库管理方面的工作提供科学依据。

本书是辽宁省农业农村厅"鸭绿江流域（水丰水库）淡水渔业增殖放流资源调查及效果评估"项目的部分成果。本书的出版由"东北地区重点水域（鸭绿江）渔业资源与环境调查"（农业农村部财政专项）、"鸭绿江流域（水丰水库）淡水渔业增殖放流资源调查及效果评估""淡水渔业资源生态环境保护评估调查与监测""辽宁省农业科学院大宗淡水鱼主导学科建设""国家大宗淡水鱼产业技术体系沈阳综合试验站建设"等项目资助。

在该书的编写过程中，魏洪祥负责全书的撰写工作，于翔、王兴兵、闫有利负责调查工作的组织及协调，寇凌霄、张涛、蒋湘辉、石俊艳、王晓光、刘勇、赵晓临、徐浩然等同志负责水质相关指标的检测。

由于水平有限，书中错误和不妥之处恳请有关专家和读者批评指正。

作者

2021年8月

目 录

第一章 概 述

水丰水库位于辽宁省境内，属东北地区辽河—鸭绿江水系，为中国和朝鲜共管的巨型山谷型水库。该水库为东北地区最大的水库，于1943年横断鸭绿江而建。库区全长157 km，总面积357 km²，总蓄水量约1.16×10^{11} m³，平均年降雨量1 009 mm，平均年蒸发量700~800 mm，水面最宽5 950 m，最窄250 m，平均水深25 m，最大深度123 m，透明度100~450 cm，底质为淤泥底。该水库也是鸭绿江国家级风景名胜区的重要组成部分。

水库内自然生存多种优质经济鱼类，现存107种。除了青鱼（*Mylopharyngodon piceus*）、草鱼（*Ctenopharyngodon idellus*）、鲢（*Hypophthalmichehys molitrix*）、鳙（*Aristichthys nobilis*）、鲤（*Cyprinus carpio*）、鲇（*Silurus asotus*）等优质鱼类外，20世纪80年代中、后期又移植了亚洲公鱼（*Hypomesus transpacificus nipponesis*），90年代中期移植大银鱼（*Protosalanx hyalocranius*）。捕捞量较大的有14种，大银鱼占50.2%，鳙占19.1%，鲢占15.9%，亚洲公鱼占8.5%，鲞（*Hemicculter Leuciclus*）占2.8%，鲤占1.4%，青虾（*Macrobrachium nipponense*）占0.95%，鲇占0.46%，棒花鱼（*Abbottina rivularis*）占0.11%，鲫（*Carassius auratus*）、草鱼、团头鲂（*Megalobrama amblycephala*）共占0.55%，鳜（*Siniperca chuatsi*）、黄颡鱼（*Pelteobagrus fulvidraco*）及其他共占0.12%。水库内鱼类资源丰富，成为当地群众致富的宝贵资源。另外，由于近几年水丰水库不断地进行鲢和鳙的增殖放流，其占捕捞产量的比重也由2000年的11.6%增长为2015年的34.9%。水库网箱养鱼的产量也逐年增加，2019年养殖产量已达5.4×10^{6} kg；网箱养殖主要品种有鲤、鳙和鳜等，也已成为当地渔民出口创汇的一个主要方式。

一、调查时间

本书的基础数据来自2015—2019年辽宁省淡水渔业环境监测站对水丰水库连续5年的采样调查及监测，于每年的春、夏、秋、冬4个季节各进行一次调查监测。

二、调查方法

对该水库的调查及检测方法按以下进行：《淡水浮游生物调查技术规范》《水库渔业资源调查规范》《水和废水监测分析方法（第四版）》《中国淡水藻类——系统、分类及生态》《中国淡水生物图谱》和《淡水浮游生物研究方法》。

三、监测站位

根据《淡水浮游生物调查技术规范》，从水丰水库上游的浑江口至下游的大坝共选取了 5 个具有代表性的断面（图 1-1），分别为浑江口（浑江与鸭绿江交汇处）、振江镇（网箱养殖区）、沿江村（网箱养殖区）、碑碣子村（旅游观光区）、大坝（水库最下端），每个断面设 2~3 个采样点。

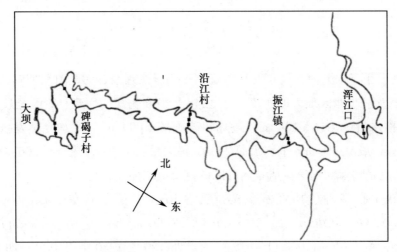

图 1-1　水丰水库各监测站位分布

四、评价标准

根据《地表水环境质量标准（GB 3838—2002）》（表 1-1）评价水丰水库水体质量。

表 1-1　地表水环境质量标准限值　　　　　　　　　　　　　　　　单位：mg/L

指标	水质标准				
	I 类	II 类	III 类	IV 类	V 类
溶解氧 ≥	7.5	6	5	3	2
高锰酸钾指数 ≤	2	4	6	10	15
总氮 ≤	0.2	0.5	1	1.5	2
总磷 ≤	0.01	0.025	0.05	0.1	0.2

根据 Marglef（1958）、Robert（1977）、卢全章（1987）、蔡庆华（1993）、郭沛通等（1997）、冯建设（1999）、况琪军等（1999）、孙军等（2004）等多名中外学者多年的研究表明：不同营养类型水体的藻类种类组成、生长指标、种群结构具有明显的特征，总结如表 1-2 所示。

表 1-2 营养类型评价的藻类生物学指标与标准

评价指标	评价标准						
	极贫营养	贫营养	贫中营养	中营养	中富营养	富营养	极富营养
细胞密度（×10⁶ 个 /L）	≤0.5	≤1.0	1.0~9.0	10.0~40.0	41.0~80.0	81.0~99.0	≥100.0
生物量（mg/L）	<0.1	<1.0	<3.0	<5.0	<7.0	<10.0	≥10.0
叶绿素（μg/L）	<0.5	<1.0	<5.0	<25.0	<50.0	<500.0	≥500.0
初级生产量 [g/(m²·d)]	<0.5	<0.5	0.6~1.0	1.1~3.0	3.1~5.0	5.1~7.5	7.6~10.0
种群结构	甲藻、金藻、硅藻		蓝藻、绿藻、硅藻、鼓藻			蓝藻、硅藻、绿藻、裸藻	
多样性指数 H' 值	>3（轻或无污染），1~3（中污染），0~1 重污染						

五、多样性指数计算

物种多样性是群落重要的生物学特征之一，决定着群落的许多功能。物种多样性不仅反映群落的物种数，而且也反映其中每个物种的数量及分布特点。群落中物种数越多，且每个物种之间个体数分布越均匀，多样性就越大。物种多样性概念可以利用多样性指数来量化，本文采用比较常用且具代表性的香农 – 威纳多样性指数（Shannon-Wiener index）来评价，其计算公式为：

$$H' = -\sum \frac{n_i}{N} \cdot \log_2 \frac{n_i}{N}$$

式中，N 为采集样品中所有物种的总个体数；n_i 为第 i 物种的个体数。

第二章 水丰水库常见浮游生物种类

第一节 水丰水库常见浮游植物种类

一、蓝藻门（Cyanophyta）

蓝藻（blue-green algae）是最原始、最古老的原核生物，其结构简单，无典型的细胞核，又称蓝细菌（Cyanobacteria）和放氧细菌；有学者称之为蓝原核藻门。蓝藻可以进行光合作用并放出氧气，这是蓝藻同其他细菌的重要区别。

蓝藻由于细胞结构、生理学、生态学、生物化学、遗传学的许多独特性质以及能用培养细菌的方法进行培养而备受藻类学、分子遗传学、植物系统发育等许多相关学科学者的重视，他们对蓝藻生物学的各领域进行了深入系统的研究。

（一）形态结构

蓝藻门藻类细胞形态简单，无鞭毛，有些丝状体种类也可以进行颤动的运动方式。细胞常见的形状有球形、椭圆形、卵形、柱形、桶形、棒形、镰刀形和纤维形等。通常形成群体或丝状体，以单细胞生活的种类很少。群体形态多种多样，有球形、卵形、不规则形、椭圆形、网孔状等。非丝状群体有板状、中空球状、立方形等多种形态；但大多数为不定形群体，群体常具一定形态和不同颜色的胶被。丝状群体由相连的一列细胞组成分枝或不分枝藻体，或由藻丝与胶鞘合成的"丝状体"交织在一起形成各种群体。不论丝状体或群体，植物体外面常具有一定厚度的胶质，这是蓝藻的一个特点；群体外面的称胶被，丝状体外面的称胶辅。

蓝藻细胞无色素体、真正的细胞核等细胞器。原生质分为外部色素区和内部无色中央区。色素区含有叶绿素 a、两种特殊的叶黄素和大量藻胆素（藻蓝素及藻红素）。藻蓝素（c-phycocyanin，$C_{34}H_{47}N_4O_8$）和藻红素（c-phycoerythrin，$C_{34}H_{42}N_4O_9$）的含量比例随光照等环境因子的不同而变化。因此，蓝藻常常呈现出蓝绿色或淡紫蓝色。

同化产物以蓝藻淀粉（Cyanophycean starch）为主，还含有藻蓝素颗粒体。无色中央区仅含有相当于细胞核的物质（环形丝状的 DNA），无核膜及核仁。蓝藻也没有真正的液泡，许多蓝藻细胞内有无数细小的无规则的伪空泡（Pseudovacuoles）或气泡。镜检时在低倍数视野下呈黑色小点状，高倍数下则呈淡红色的不规则透明小泡。

细胞壁由氨基糖和氨基酸组成，单细胞种类分 3 层，丝状类群分 4 层。某些种类细胞内含有气囊，由于光线折射的原因，在显微镜下呈黑色、红色或紫色。在电镜下观察气囊纵切面为两端呈锥形的柱状体，横切面为六角形。气囊具有遮光和漂浮的功能。

有些种属的少数营养细胞分化形成异形胞（heterocyst），异形胞比营养细胞大，细胞壁厚，内含物少，在光学显微镜下呈透明状；但异形胞内含丰富的固氮酶，是这些种类细胞固氮的场所。

（二）繁殖方式

蓝藻的繁殖通常为细胞分裂。单细胞种类有的只有一个分裂面，有的具两个分裂面（即横分裂和纵分裂），有的甚至有三个分裂面；这种类群的细胞分裂后的子细胞常具胶被，虽彼此分离，但仍形成胶群体；也有分裂的子细胞彼此不分离形成立方形的群体。因此，单细胞类群的细胞分裂方式决定藻体形态，是分类的重要特征之一。一些单细胞或群体种类还形成内生孢子或外生孢子。丝状种类除细胞分裂外，还能形成"藻殖段"；是藻丝的短断片在其一端或两端细胞壁增厚形成分离盘或产生死细胞，藻殖段从藻丝滑动离开后发育成新的藻丝。某些真枝藻产生藻殖孢也是一种短丝体，与藻殖段不同之处为外部具有厚而有层理的胶鞘包围着，位于母株分枝顶部，不能运动。萌发时，胶鞘的一端或两端破裂，发育形成新植物体。一些单细胞，群体或丝状类型还产生微小的微孢子。许多丝状体种类的一些营养细胞发生分化，形成异形胞，是丝状蓝藻类（除了颤藻目以外）产生的一种与繁殖有关的特别类型的细胞。它的壁变厚，内不含或只含少量藻胆素，与相邻细胞连接处有孔和向内突出的小瘤，称为极节（polar nodule）。在显微镜下它们的形态与一般营养细胞有显著的不同，细胞圆形色淡，有清晰的细胞壁；成熟的细胞透明，很像空细胞，位置或在丝状体的顶端，或在中间或与厚壁孢子直接相邻，常作为分类的依据之一。一般认为异形胞是无生殖功能的孢子或孢子囊。其次级功能在于有些种类藻体经常在异形胞的地方断裂。具有异形胞的蓝藻能固氮，当水中氮缺乏时，异形胞的数目显著增加。

（三）生态特征

蓝藻在自然界分布很广，淡水、海水、湿地、沙漠、岩石、树干以及在工业循环用冷却水管内都可见到。其主要在淡水中生长，许多蓝藻是典型的浮游种类；夏秋时节大量繁殖可形成水华，被认为是水体富营养化的重要标志。蓝藻适温范围广，喜欢较高的温度、强光、高 pH、静水和肥水，喜低氮高磷。常见的蓝藻水华优势种有微囊藻、鱼腥藻、色球藻、螺旋藻、拟项圈藻、腔球藻、尖头藻、颤藻和束丝藻等。有的蓝藻可作为水质的指示生物，如褐色管孢藻是清洁水体的指示生物，泥污颤藻则是水体污染的指示生物。

（四）利用价值

很多种类蓝藻（特别是具有异形胞的种类）能固定空气中的游离氮，固氮蓝藻对水体的营养状况和土壤改良有很大的作用。在研究利用固氮蓝藻作为农作物的生物肥源方面已取得了不少成绩。有些蓝藻可以食用（如地木耳、发菜等），螺旋藻作为蛋白质来源的研究也有了很大的突破。我国某些地区还利用蓝藻"水华"直接作为肥料用于农业生产。

蓝藻作为鱼类饵料，以往认为属于不消化的种类。但在我国南方，蓝藻常年大量出现的鱼塘，鱼类也生长良好。又如，据陕西水产研究所试验结果，螺旋鱼腥藻（*Anabaena spiroides*）对鲢鱼种饲养具有极为良好的效果。但有些种类的蓝藻具有毒性，已有关于家畜饮用含大量蓝藻的水而中毒死亡的报道。

（五）常见种类

1. 微小色球藻（*Chroococcus minutus*）

分类地位：蓝藻门—蓝藻纲—色球藻目—色球藻科—色球藻属。

形态特征：细胞呈球形或亚球形，原生质体均匀或具少数颗粒。藻体为单细胞或由 2 个或 4 个细胞组成的群体。群体呈圆球形或长圆形胶质体。胶被透明无色，不分层。群体中部往往收缢。

个体大小：群体直径 4~10 μm，包括胶被直径 6~15 μm。

生态特征：常见种类，广泛分布于各类型淡水中；亚气类型也有发现，但一般不形成优势种。辽宁地区常见于池塘、鱼塘、水坑、湖泊及水库中。

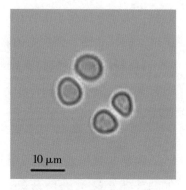

10 μm

微小色球藻

2. 优美平列藻（*Merismopedia elegans*）

分类地位：蓝藻门—蓝藻纲—色球藻目—色球藻科—平列藻属。

形态特征：细胞呈椭圆形排列紧密，内含物均匀，呈鲜艳的蓝绿色。群体有大有小，小的仅由 16 个细胞组成，大的由数百个至数千个细胞组成，宽达数厘米。

细胞大小：长 7~9 μm，宽 5~7 μm。

生态特征：常见种类，营浮游生活；喜生长于富营养型小型静水水体中。辽宁地区常见于池塘、鱼塘、水坑、河流滞水区及湖泊、水库的沿岸带。

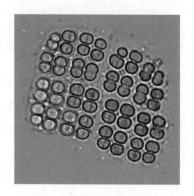

优美平列藻

3. 点状平列藻（*Merismopedia punctate*）

分类地位：蓝藻门—蓝藻纲—色球藻目—色球藻科—平列藻属。

形态特征：细胞呈椭圆形。两对细胞成一组，四组成小群；群体细胞有规则地排列成长方形。

细胞大小：直径为 2~3.5 μm。

生态特征：常见种类，营浮游生活；喜生长于富营养型小型静水水体中。辽宁地区常见于池塘、鱼塘、水坑、河流滞水区及湖泊、水库的沿岸带。

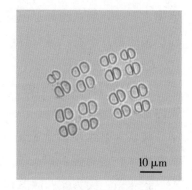

10 μm

点状平列藻

4. 弯头尖头藻（*Raphidiopsis curvata*）

分类地位：蓝藻门—蓝藻纲—段殖藻目—胶须藻科—尖头藻属。

形态特征：藻丝自由漂浮或少数成束，呈"S"形或螺旋形弯曲，少数直。具伪空泡。藻丝中部具椭圆形孢子。

细胞大小：细胞长为宽的 1.5~2 倍，宽约 4.5 μm。

生态特征：常见种类，辽宁地区常见于池塘、鱼塘、河流、

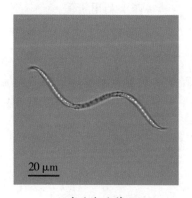

20 μm

弯头尖头藻

湖泊及水库的沿岸带等水体中；营浮游生活。

5. 顿顶螺旋藻（*Spirulina platensis*）

分类地位：蓝藻门—蓝藻纲—段殖藻目—颤藻科—螺旋藻属。

形态特征：藻丝由多个近方形细胞组成，呈蓝绿色；末端不尖细或略尖细，横壁略收缢，疏松地螺旋弯曲。螺旋宽 26~36 μm，旋间距离 43~57 μm。

细胞大小：细胞长小于宽；长 2~6 μm，宽 6~8 μm。

生态特征：常见淡水种类，分布广泛；辽宁地区常见于水坑、池塘、鱼塘、河流、湖泊及水库中；营浮游生活。

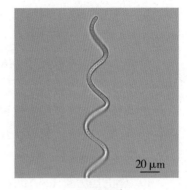

顿顶螺旋藻

6. 泥污颤藻（*Oscillatoria limosa*）

分类地位：蓝藻门—蓝藻纲—段殖藻目—颤藻科—颤藻属。

形态特征：细胞宽度显著大于长度，群体藻丝直，末端细胞扁圆形。

细胞大小：长 2~5 μm，宽 11~22 μm。

生态特征：辽宁地区常见于池塘、水坑等小型静水水体中；营浮游生活。

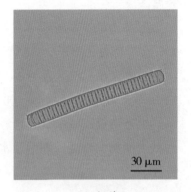

泥污颤藻

7. 灿烂颤藻（*Oscillatoria splendida*）

分类地位：蓝藻门—蓝藻纲—段殖藻目—颤藻科—颤藻属。

形态特征：藻体鲜蓝绿色或橄榄绿色。丝体直或弯曲，并常带镰刀状或螺旋状弯曲。横壁处常具颗粒且不收缢，末端细胞尖细呈小头状或近球形，不形成帽状体。

细胞大小：细胞长为宽的 2~4 倍，少数长宽相等，长 3~9 μm。

生态特征：常见种类，分布广泛；辽宁地区常见于水坑、池塘、鱼塘及湖泊、水库的沿岸带；营浮游生活。

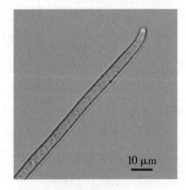

灿烂颤藻

8. 依沙束丝藻（*Aphanizomenon issatschenkoi*）

分类地位：蓝藻门—蓝藻纲—段殖藻目—念珠藻科—束丝藻属。

形态特征：藻丝一般单独存在。藻丝末端细胞延长成为细针状。具伪空泡。异形胞近圆柱形。孢子长圆柱形。

细胞大小：长 5~15 μm，宽 5~6 μm。

生态特征：极常见种类，喜生长于静水水体中；辽宁地区常见于池塘、鱼塘、河流、湖泊及水库中；常在水丰水库中大量出现，有时形成水华。

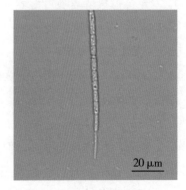

依沙束丝藻

9. 类颤鱼腥藻（*Anabaena osicellariordes*）

分类地位：蓝藻门—蓝藻纲—段殖藻目—念珠藻科—鱼腥藻属。

形态特征：细胞近球形，末端细胞圆形。异形胞球形或卵形，两侧生有孢子；孢子初为卵形后为圆柱形，外壁光滑。群体呈直串珠状。

个体大小：细胞直径 4~6 μm；异形胞直径 6~10 μm；孢子长 20~40 μm，宽 8~10 μm。

生态特征：淡水普生性种类，喜生于静水水体中。辽宁地区常见于池塘、鱼塘、湖泊及水库沿岸带，是水丰水库中常见的优势种。

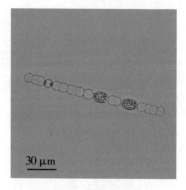

类颤鱼腥藻

10. 卷曲鱼腥藻（*Anabaena circinalis*）

分类地位：蓝藻门—蓝藻纲—段殖藻目—念珠藻科—鱼腥藻属。

形态特征：细胞球形，长略小于宽，具伪空泡；异形胞近球形；生有圆柱形孢子，有时弯曲；群体呈螺旋弯曲的丝体。

个体大小：细胞直径 8~12 μm，异形胞直径约 10 μm，孢子宽约 14 μm；群体螺旋宽 45~100 μm，两旋间距离 40~50 μm。

生态特征：淡水普生性种类，喜生于静水水体中。辽宁地区常见于池塘、鱼塘、湖泊及水库沿岸带，是水丰水库中常见的优势种。

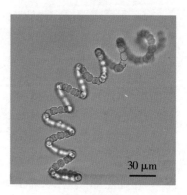

卷曲鱼腥藻

二、隐藻门（Cryptophyta）

隐藻为单细胞，具鞭毛，能运动。大部分种类不具细胞壁，细胞外有一层周质体（periplast）。喜生长于较肥水体中，一年四季都可形成水华。

（一）形态结构

隐藻绝大多数为单细胞，具鞭毛的种类，极少数无鞭毛。多数种类不具有纤维素组成的细胞壁，而是在细胞表面有一层周质体，有的种类周质体为具有一定形态的板片。具鞭毛的种类多为椭圆形或卵形，前端较宽，钝圆或斜向平截，显著纵扁，背侧略凸，腹侧平直或略凹入，具向后延伸的纵沟。有的种类具自前端向后延伸的口沟。纵沟或口沟两侧具多个特殊结构的刺细胞。鞭毛 2 条，不等长，自腹侧前端伸出，或生于侧面。

隐藻多数种类具 1 个或 2 个叶状色素体，其被膜分 2 层，外层与内质网膜或细胞核内质网连接。光合色素除含有叶绿素 a、叶绿素 c 外，还含有藻胆素。色素体多为黄绿色或黄褐色，少数为蓝绿色、绿色或红色。

（二）繁殖方式

大多数种类的生殖方式为细胞纵分裂。不具鞭毛的种类会产生游动孢子，有些种类会产生具厚壁的休眠孢子。

（三）生态特征

隐藻门植物种类不多，但分布很广，海水和淡水均有分布。大部分隐藻喜生长于有机质和氮丰富的水体中，对温度和光照有极强的适应性，一年四季均可形成优势种。即使冬季冰下环境，仍然可产生很大密度。沼盐隐藻是广盐性种类，海湾、河口半咸水及盐沼池的高盐水均有其出现。隐藻在海洋浮游生物群落中占有一定地位。

（四）利用价值

隐藻喜生于有机质和氮丰富的水体中，是我国传统高产肥水鱼塘中极为常见的鞭毛藻类。在白鲢高产池中往往会出现隐藻水华。隐藻是水肥、水活和水好的标志。

（五）常见种类

1. 啮蚀隐藻（*Cryptomonas erosa*）

分类地位：隐藻门—隐藻纲—隐鞭藻目—隐鞭藻科—隐藻属。

形态特征：细胞倒卵形或近椭圆形，前端背角突出略呈圆锥形，顶部钝圆；纵沟有时很不明显，但通常比较深；后端一般逐渐狭窄，末端狭钝圆形；背部明显凸起，腹部通常平直，极少数略凹入。口沟只达细胞中部，很少达后部。刺细胞位于口沟两侧。鞭毛2条，长度约等于细胞长度。色素体2个，位于细胞两侧。贮藏物质为淀粉粒，呈卵形、多角形、双凹形或盘形等。

10 μm

啮蚀隐藻

细胞大小：长15~32 μm，宽8~16 μm。

繁殖方式：繁殖方式为细胞纵分裂。分裂时细胞停止运动，分泌胶质；细胞核先于原生质体分裂，原生质体自口沟处开始分裂为两半。

生态特征：极常见淡水种类，分布极广。喜生活于中等水温（15~25℃）、有机质丰富的静态水体中。辽宁地区常见于池塘、水坑、鱼塘、河流滞水区、湖泊及水库等，是水丰水库中常见优势种。

2. 卵形隐藻（*Cryptomonas ovata*）

分类地位：隐藻门—隐藻纲—隐鞭藻目—隐鞭藻科—隐藻属。

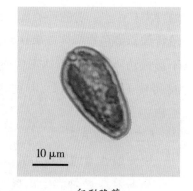

形态特征：细胞椭圆形或长圆形，通常略弯曲；前端明显的斜截，顶端呈角状或宽圆，大多数为斜的凸状；后端为宽圆形；细胞多数略扁平。纵沟、口沟明显；口沟达到细胞的中部，有时近于细胞腹侧，直或甚明显地弯向腹侧。细胞前端近口沟处常具2个卵形的反光体。细胞具2个色素体，2条几乎等长的鞭毛，多数略短于细胞长度。

10 μm

卵形隐藻

细胞大小：细胞大小变化很大，通常宽6~20 μm，长20~80 μm，厚5~8 μm。

繁殖方式：细胞纵分裂，分裂时细胞停止运动，分泌胶质，核先分裂，原生质体自口沟处分成两半。

生态特征：极常见种类，营自由游动生活；分布极广，常在鱼塘中形成水华。辽宁地区常见于有机质和氮丰富的湖泊、水库、河流及鱼塘中，无论夏季高温水体还是冬季冰下水体均可形成优势种。

三、甲藻门（Pyrrophyta）

甲藻门大部分种类为单细胞，极少为丝状体或由单细胞连接而成各种群体。甲藻细胞壁是由许多板片嵌合而成的壳，多数具 2 条顶生或腰生的鞭毛，可以运动，因此也称双鞭藻。甲藻大多数为海产种类，是海洋生态系统中极为重要的组成部分。

（一）形态结构

细胞呈球形、卵形、针形和多角形等。有背腹之分，背腹扁平或左右侧扁。甲藻细胞具细胞壁或裸露，外有周质，细胞壁薄或厚且坚硬，前后端有的具有角状突起。细胞壁由许多板片嵌合而成，称为壳，板片的数目、形状和排列方式是分类的重要依据。纵裂甲藻类细胞壁由左右 2 片组成，无纵沟或横沟。横裂甲藻类壳壁由许多的小板组成；板片有时具角、刺或乳头状突起，板片表面常具圆孔纹或窝孔纹。大部分种类有 1 条横沟和纵沟。横沟（tranerse furrow）又称腰带，位于细胞中部或偏于一端，围绕整个细胞或仅围绕细胞的一半，有环状的，即沟的两端正对相连；也有螺旋状的，即沟的两端不正对相连。横沟上半部称上壳或上锥部（epicone），下半部称下壳或下锥部（hypocone）。从腹面观察时，如果沟的右端接近上壳，则称为左旋（下旋）沟，而左端接近上壳的，则称为右旋（上旋）沟。纵沟（longitudinal furrow）又称"腹区"，位于下锥部腹面，可上下延伸，有的达下壳末端，有的达上壳顶端。甲藻常具 2 条鞭毛，顶生或从横沟和纵沟交叉处的鞭毛孔伸出 1 条为横鞭，波浪带状，环绕在横沟中；1 条为纵鞭，线状，通过纵沟向后伸出。两条鞭毛均具有鞭绒更细的侧生细毛，横鞭仅有 1 排细毛，纵鞭有 2 排。极少种类无鞭毛。色素体包被具 3 层膜，外层膜不与内质网连接，类囊体常 3 条并列为 1 组排列，无带片层。进行光合作用色素体有叶绿素 a、叶绿素 c_2、β- 胡萝卜素、几种叶黄素和多甲藻素（peridinin），无叶绿素 b。色素体多个，圆盘状、棒状（海产种类有的为长带状或片状），常分散在细胞表层，棒状色素体由中心蛋白核向外辐射状排列，金黄色、黄绿色或褐色；极少数种类无色。纵裂甲藻的色素体少，常呈片状；横裂甲藻的色素体小而多，常呈盘状。全动营养的种类，如夜光藻则无色素体。有的甲藻种类具蛋白核，储藏物质为淀粉和油。少数种类具刺细胞。有的种类具眼点。有的种类具 1 个大且明显的细胞核，圆形、椭圆形或细长形，多数甲藻的细胞核较特殊，染色质排列成串珠状，在整个生活史中始终存在，同时在有丝分裂过程中核膜不消失，不形成纺锤体。染色体不含或含极少量的碱性蛋白。这种细胞核成为甲藻细胞核（dinokaryon）或间核（mesokaryon），有的学者认为，甲藻是介于原核生物和真核生物之间的所谓间核生物。

（二）繁殖方式

甲藻最普遍的繁殖方式为细胞分裂。有的种类可以产生动孢子、似亲孢子或不动孢子。有性生殖只在少数种类中出现，为同配式。在自然界特别是在海洋沉积物和地层中常发小孢囊（cysts），它们有的是休眠合子（hypnozygote），有的则不清楚。

（三）生态特征

甲藻门种类分布十分广泛，海水、淡水中均有发现。大多数为海产种类，其轨迹几乎遍及世界各大海区，是海洋浮游生物的重要类群，在海洋生态系统中占有重要地位。甲藻通过光合作用，合成大量有机物，其产量可作为海洋生产力的指标。甲藻可以在海水中形成赤潮（red tide），形成赤潮的种类主要有多甲藻、裸甲藻、原甲藻、亚历山大藻、光甲藻、链环藻、旋沟藻和夜光藻等属。一些种类在淡水中也可以大量繁殖，形成"水华"，常见的淡水甲藻水华优势种主要是多甲藻属、角甲藻属的一些种类。少数种类在鱼类、桡足类及其他无脊椎动物体内寄生。

（四）利用价值

甲藻和硅藻是海洋水生动物的主要天然饵料。淡水中甲藻的种类不及海洋多，但有些种类可在鱼塘中大量生殖，形成优势种群，如真蓝裸甲藻是鲢、鳙的优质饵料，素有"奶油面包"之称。光甲藻对低温、低光照有极强的适应能力，是北方地区鱼类越冬池中浮游植物的重要组成成分，其光合作用产氧对丰富水中溶解氧，保证鱼类安全越冬有重要作用。但发生甲藻赤潮时细胞密度很大，藻体死亡后滋生大量腐生细菌，细菌的分解作用会使水体中溶解氧含量急骤降低，并产生有毒有害物质，如夜光藻等赤潮种类可使海水缺氧，堵塞动物的呼吸器官，导致生物窒息死亡。加之有的种类可以分泌毒素，毒害其他水生生物，如短裸甲藻（*Gymnodinium breve*）分泌神经毒素，直接释放到海水中，多边膝沟藻（*Gonyaulax polyedra*）则在藻体死亡后产生毒素。因此，往往赤潮发生后会造成当地鱼、虾和贝类等水生动物大量死亡，对水产及渔业的危害很大。有些种类对鱼类、贝类不造成致命影响，但毒素可在它们体内积累，如果人类或其他脊椎动物食用了这些有毒鱼类、贝类就会发生中毒、死亡。"赤潮"常在江河入海口、近海海域发生，面积很大，近年来，我国一些淡水水体，如湖泊、水库等在温暖季节也时有发生。不少甲藻具有发光能力，特别是夜光藻，细胞个体大，是研究发光生理的良好材料。另外，甲藻是间核生物，是原核生物向真核生物进化的中介型，对于它们的形成、分类的研究可为生物进化理论提供新的依据。化石孢囊发现在前寒武纪或至少在志留纪到全新世大约6亿年以前，在三叠纪不仅很常见且种类很多。化石孢囊对地层的划分也有一定的参考价值。

（五）常见种类

1. 埃尔多甲藻（*Peridinium elpatiewskyi*）

分类地位：甲藻门—甲藻纲—多甲藻目—多甲藻科—多甲藻属。

形态特征：细胞卵圆形，背腹略扁平，具顶孔。横沟几乎为一圆圈；纵沟略伸入上锥部，向下逐渐显著扩大。上锥部圆锥形，比下锥部大；下锥部后端边缘略具斜向刻痕，具2块大小相等的底板；下锥部背面板间带具稀疏的刺或密集的刺丛。壳面具细穿孔纹，幼体板片平滑无花纹。

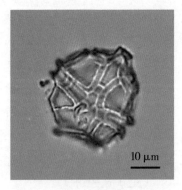

10 μm

埃尔多甲藻

细胞大小：长30~45 μm，宽28~35 μm。

生态特征：常见淡水种类；喜生长于水温较低、贫营养型的水体。辽宁地区常见于河流上游、湖泊及水库等；常在水丰水库中大量出现。

2. 角甲藻（*Ceratium hirundinella*）

分类地位：甲藻门—甲藻纲—多甲藻目—角甲藻科—角甲藻属。

形态特征：细胞背腹显著扁平，顶角狭长，平直而尖，具顶孔；底角2~3个，放射状，末端多数尖锐、平直，或呈各种形式的弯曲；有些类型其角或多或少的向腹侧弯曲。横沟几乎呈环状，极少呈左旋或右旋；纵沟部伸入上壳，较宽，几乎达到下壳末端。

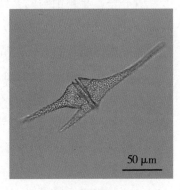

50 μm

角甲藻

壳面具粗大的窝孔纹，孔纹间具有或长或短的刺。色素体多数，圆盘状周生，黄色或暗褐色。

细胞大小：长 90~450 μm。

生态特征：极常见种类；广泛分布于各类型水体中，为典型的沿岸表层型种类。常在水丰水库中大量出现。

四、金藻门（Chrysophyta）

金藻门植物体为单细胞或群体，或分枝丝状体。多数种类为裸露运动的单细胞或群体。因为细胞中胡萝卜素和岩藻黄素含量较多，细胞常呈金黄色或黄褐色。喜生长于水温较低、有机质含量较少的水体中。

（一）形态结构

群体种类细胞以放射状排列呈球形或卵球形，有的具透明的胶被。不运动的种类为变形虫状、胶群体状、叶状体形、球形、椭圆形、卵形或梨形。

运动的种类细胞前端具 1 条或 2 条等长或不等长的鞭毛；具 2 条鞭毛的种类，短的 1 条为尾鞭型，仅由轴丝形成，没有绒毛，长的 1 条为茸鞭型。细胞裸露或在表质覆盖许多硅质鳞片（scales）、小刺或囊壳。硅质沉积在 1 个特殊的囊内，称为硅质沉积囊；硅质鳞片在位于与叶绿体表面相邻的硅质沉积囊中形成。鳞片具刺或无刺；有的种类具 2 种不同形状的鳞片；鳞片和刺的形状是具硅质鳞片种类的主要分类依据。有的原生质外具囊壳。

不能运动的种类具细胞壁，壁的组成成分以果胶质为主。具 1~2 个伸缩泡，位于细胞的前端或后端。细胞无色或具有色素体，色素体周生，弯曲片状或带状，1~2 个。叶绿素 a、叶绿素 c、β– 胡萝卜素和叶黄素是金藻进行光合作用的主要色素。此外金藻还含有副色素，这些副色素总称为金藻素。由于金藻色素中胡萝卜素和岩藻黄素所含比例较大，细胞常呈金黄色、黄褐色、黄绿色或灰黄褐色。3 条类囊体片层近平行排列于色素体内。有裸露的蛋白核或无，没有同化产物包被在其表面。当水体中有机质特别丰富时，副色素减少，使藻体呈现绿色。细胞后部具数个亮且不透明的球体。光合作用产物为金藻昆布糖（chrysolaminaria）、金藻多糖（leucosin）和脂肪。金藻昆布糖和金藻多糖常位于细胞后部，呈颗粒状，固定后常常不易观察到。脂肪呈黄色小油滴状。运动种类细胞前部或中部具 1 个或不具眼点。细胞中央具数个液泡，1 个细胞核。

（二）繁殖方式

包括营养繁殖、无性生殖和有性生殖 3 种方式。

营养繁殖是单细胞的繁殖方式，常为细胞纵分裂成 2 个子细胞；群体种类以群体断裂成 2 个或多个段片，每个段片最终形成 1 个新群体；或以细胞从群体中脱离发育生长成为 1 个新群体，丝状体以丝体断裂的方式繁殖。

无性生殖是指不能运动的种类产生单鞭毛或双鞭毛的动孢子，动孢子裸露，具 1~2 个周生片状的色素体。很多种类形成不动孢子（cyst），即静孢子（aplanospore），静孢子由细胞内壁形成，呈球形、卵形或椭圆形，具硅质化的壁，由 2 个半片组成，顶端具 1 个小孔，孔口有 1 个明显的、无硅质或稍微硅质化的胶塞，孢子可下沉至水体底部沉积物中并保持活性直至萌发。

有些种类会进行有性生殖，有丝分裂为开放式；锥囊藻属（Dinobryon）的有性生殖为同配和异配，黄群藻属（Synura）的有性生殖为异配；合子的壁具硅质，合子萌发产生新个体。

（三）生态特征

淡水和海水都有金藻存在，大多数为淡水种类，多分布在水体中、下层。金藻喜欢生长在透明度大、温度较低、有机质含量少的清水中，可作为清洁水体的指示生物。金藻对水温的变化较敏感，常在冬季、早春和晚秋等寒冷季节生长旺盛；有的种类在冬季甚至冰下也可以生长。

（四）利用价值

浮游金藻没有细胞壁，个体微小，营养丰富，容易消化，是鱼类和其他水生动物良好的天然饵料。有的海产种类已是人工培养，是水产经济动物人工育苗期间的重要饵料。钙板金藻、硅鞭金藻死亡后，细胞体沉入海底，形成颗石虫软泥，有的形成化石，可为地质年代的鉴定提供重要依据。金藻对环境变化敏感，许多种类因对生长环境有特殊要求，因此可被用作指示生物，监测水质变化，评价水体环境。少数种类（如小三毛金藻）大量繁殖时可引起鱼类死亡；某些金藻的大量繁殖可形成赤潮、水华，给渔业带来危害。

（五）常见种类

分歧锥囊藻（*Dinobryon divergens*）

分类地位： 金藻门—金藻纲—金藻目—棕鞭藻科—锥囊藻属。

形态特征： 植物群体靠囊壳紧密排列成扩展且分枝较多的群体。囊壳锥形，顶部开口略扩大，中上部成圆筒形，后端为锥形，向一侧弯曲成 45°~90° 的角。侧壁为不规则波状。

细胞大小： 长 30~65 μm，宽 8~11 μm。

生态特征： 常见淡水种类，喜生长于贫营养型水体中。辽宁地区常见于某些浅水湖泊或水库中；常在早春季节的水丰水库中大量出现。

分歧锥囊藻

五、硅藻门（Bacillariophyta）

硅藻的种类繁多，分布极广，包括单细胞或群体的种类。此门藻类的显著特征除细胞形态及所含色素和其他各门藻类不同外，主要是具有高度硅质化的细胞壁。硅藻是淡水水体中出现种类最多的藻类。

（一）形态结构

植物体为单细胞，或由细胞相互连成链状、带状、丛状、放射状的群体。硅藻的细胞壁除含果胶质外，还含有大量的复杂的硅质成分组成坚硬的壳体。壳体由上下两个半壳套合而成，其纵断面呈"U"形。套在外面较大的壳称"上壳"，套在里面较小的称"下壳"。上下半壳都各有盖板和缘板两部分。上壳的盖板称"盖板"，下壳的则称为"底板"；缘板部分称"壳环带"，简称"壳环"。当从垂直的方向观察细胞的盖板或底板时，称为"壳面观"，简称"壳面"；从水平的方向观察细胞的壳环带时，称为"带面观"，简称"带面"。

细胞的带面多为长方形。上下壳的壳环相互套合的部分称为"接合带"（connecting band）。有些种类，在接合带的两侧再产生鳞片状、带状或领状部分，称为"间生带"。带状的间生带与壳面成平行方向，向细胞内部延伸为舌状，把细胞分成几个小区，这种特别的构造称为"隔膜"。

从壳面生出的突起称为"小棘"；小棘的形状和大小依种类不同而有差异。

硅藻细胞壳面形态多种多样，但归纳起来有两个基本类型：一是中心纲的壳面基本上是辐射对称的，多数种类为圆形，少数为三角形、多角形、椭圆形和卵形等；二是羽纹纲的壳面基本上是长形两侧对称，有线形、披针形、椭圆形、卵形、菱形、舟形、新月形、弓形、"S"形、提琴形和棒形等。壳面两端的形态变化也很大，有渐尖形、突尖形、喙状、头状、楔形、钝圆形或斜圆形等。

硅藻细胞的壳面具有各种细致的花纹。最常见的是由细胞壁上的许多小孔紧密或较稀疏排列而成的线纹。中心纲细胞壳面的花纹是由中心向四周呈放射状排列的。羽纹纲细胞壳面的花纹左右两侧做对称或不对称排列，有些种类的壳面内壁的两侧长有狭长横列的小室，呈"U"形的粗花纹，称为肋纹。有些种类在壳的边缘有纵走的凸起，称为龙骨。壳面中部或偏于一侧具 1 条纵的无纹平滑区，称为"中轴区"。中轴区中部，横线纹很短，形成面积稍大的"中心区"。中心区中部，由于壳内壁增厚而形成"中央节"。中央节两侧，沿中轴区中部有 1 条纵向的裂纹，称为"壳缝"。壳缝两端的壳内壁各有一个增厚的部分，称为"极节"。有的种类没有壳缝，仅有较窄的中轴区，称为"假壳缝"。有些种类的壳缝是 1 条纵走的或围绕壳缘的管沟，以极狭的裂缝与外界相通，管沟的内壁具有数量不等的小孔与细胞内部相连，这一特殊的结构，称为"管壳缝"。壳缝是羽纹纲细胞壳上的一种重要构造，与硅藻的运动有关。

硅藻细胞的色素体主要呈黄绿色或黄褐色。色素体在细胞里的位置，因生活状态不同而有变化，一般贴近壳面。当壳面相连接成群体时，色素体移到带面。色素体的形状和数目依种类不同而有差异。中心纲硅藻的色素体常为小盘状，数目较多；羽纹纲硅藻的色素体多为大型片状或星状，1 个或 2 个，也有多数小盘状的。硅藻的色素体中主要含有叶绿素 a 和叶绿素 c，以及 β- 胡萝卜素、岩藻黄素、硅甲黄素等，没有叶绿素 b，因此颜色呈黄绿色或黄褐色。有些种类具无淀粉鞘而裸出的蛋白核。同化产物主要是脂肪，在细胞内或为反光较强的小球体。

（二）繁殖方式

硅藻的繁殖方式有细胞分裂、复大孢子、小孢子和休眠孢子 4 种方式。

1. 细胞分裂

这是硅藻的主要繁殖方式。细胞核和细胞质的分裂方式和普通的植物细胞相同。核分裂完成后，2 个核分别靠近上、下两壳，在 2 个核之间产生 2 个新下壳，形成 2 个新个体。新壳形成初期壳壁较薄，后逐渐加厚，直至与母壳厚度相等为止。

2. 复大孢子

硅藻细胞进行多次分裂后，细胞体积变小，此时产生复大孢子，使细胞恢复原来的大小。但复大孢子并非都是细胞需要复大而产生。产生复大孢子有无性及有性两种方式，无性方式即由营养细胞直接膨大而成；有性方式可以由 2 个母细胞各自产生 2 个配子，彼此成对结合而成 2 个复大孢子；或是在不同的细胞产生的精子和卵结合产生 1 个或 2 个复大孢子。复大孢子萌发形成新的硅藻细胞。

3. 小孢子

硅藻常在细胞内产生许多小孢子，多数为 2 的倍数；有或无鞭毛，具色素体。形成小孢子的方式有两种：一种是细胞核连续分裂后进行细胞质分裂；另一种是细胞质分裂紧随核分裂之后。

4. 休眠孢子

当生长环境不利时，母细胞内常形成厚壁的休眠孢子。当环境适宜时，休眠孢子用萌发的方式再长成新个体。

（三）生态特征

硅藻种类很多，分布极广，是常见的浮游植物。几乎所有水体，如海洋、河口半咸水、江河、湖泊、水库、池塘甚至其他藻类难以繁殖的水体中都有硅藻的存在。在陆地上，凡是潮湿的地方，无论是土壤、墙壁、岩石及树皮上，以及在苔藓植物间都能生长。在水体中，它们呈浮游状态或着生在其他物体上，着生种类常具胶质柄或包被在胶质团或胶质管中。

淡水藻类多生长在硬度较大的水中，密度有时会很大。条件适宜时一些营养丰富的水体会爆发硅藻水华。硅藻一年四季都能形成优势种群，一般在春秋两季大量繁殖。某些硅藻种类在水温高达60℃的温泉水中也可以正常生长繁殖。常见的硅藻水华优势种有直链藻、小环藻、冠盘藻、针杆藻和脆杆藻等。

（四）应用价值

硅藻是一些水生动物，如浮游动物、贝类、鱼类等动物的主要饵料之一。因此，硅藻被认为是天然饵料的主要组成部分。在人工养殖经济生物时，硅藻常被大量培养作为养殖生物幼体时期的饵料。

在水生生物生态学研究中，从20世纪早期开始直到现在长期被视为重要的生物指示类群，用来监测水质和评价水环境。

此外，硅藻类化石最早出现在白垩纪，并被认为是在硅藻质丰富的海洋中从金藻类祖先演化来的。由于硅藻细胞壁在地层中能够保存，常被用来作石油勘探、地层划分和对比、古湖沼学的重建以及古地理、古气候方面的研究。以硅藻壳体为主形成的硅藻土在工业上早已被利用。

（五）常见种类

1. 颗粒直链藻（*Melosira granulate*）

分类地位：硅藻门—中心纲—圆筛藻目—圆筛藻科—直链藻属。

形态特征：细胞圆柱形，成链状群体。群体端细胞壳面具长刺和褶皱；带面具与长轴平行的粗孔纹。其他细胞壳面边缘具散孔纹；带面孔纹斜向排列；假环沟狭窄，呈"V"形；环沟具狭窄的缢缩部；颈部狭长；两端的棘突起明显。

细胞大小：直径为5~21 μm，高为5~18 μm。

生殖方式：无性生殖产生球形复大孢子。

生态特征：极常见普生性浮游种类，广泛分布于各类型淡水水体中；喜生长于中营养型流动水体中，特别在夏季大量出现；最适pH值为7.9~8.2，是水丰水库中常见的优势种类。

颗粒直链藻

2. **颗粒直链藻最窄变种**（*Melosira granulate* var. *angustissima*）

分类地位：硅藻门—中心纲—圆筛藻目—圆筛藻科—直链藻属。

形态特征：该变种与种的明显区别为细胞高度大于直径，孔纹 10 μm 内 12~15 个。

细胞大小：直径为 3~5 μm，高为 15~20 μm。

生态特征：极常见普生性浮游种类，广泛分布于各类型淡水水体中；喜生长于中营养型流动水体中，是水丰水库中常见的优势种类。

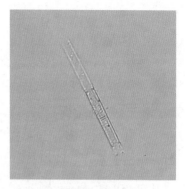

颗粒直链藻最窄变种

3. **变异直链藻**（*Melosira varians*）

分类地位：硅藻门—中心纲—圆筛藻目—圆筛藻科—直链藻属。

形态特征：细胞圆柱形，彼此紧密连结成链状群体。壳壁略薄，平滑无花纹。壳环面假环沟狭窄不明显。顶端无棘。

细胞大小：直径为 8~35 μm，高为 9~13 μm。

生殖方式：无性生殖产生球形复大孢子，也产生小孢子。

生态特征：常见淡水种类，喜生长于微碱性或碱性小型静水水体中；最适 pH 值约为 8.5。辽宁地区常见于池塘及湖泊、水库沿岸带，为有机污染水体指示种。

变异直链藻

4. **链形小环藻**（*Cyclotella catenata*）

分类地位：硅藻门—中心纲—圆筛藻目—圆筛藻科—小环藻属。

形态特征：细胞外形与梅尼小环藻相似，壳环面较后者要高。壳面边缘向中央逐渐凹陷。常以壳面相连接成链状群体。

细胞大小：直径为 10~50 μm。

生态特征：极常见淡水种类，喜生长于各类水体中。辽宁地区常见于鱼塘、湖泊及水库中；常在水丰水库中大量出现。

链形小环藻

5. **梅尼小环藻**（*Cyclotella meneghiniana*）

分类地位：硅藻门—中心纲—圆筛藻目—圆筛藻科—小环藻属。

形态特征：单细胞近鼓形。壳面波曲，边缘带具放射状，向壳面边缘逐渐增宽呈楔形的粗线纹，10 μm 内具 5~9 条；中心区平滑或具极细的放射状点纹。

细胞大小：直径为 7~30 μm。

生态特征：极常见种类，分布很广，为淡水或半咸水偶然性或真性浮游种类；生存 pH 值为 6.4~9.0，最适 pH 值为 8.0~8.5。辽宁地区常见于池塘、鱼塘、河流、湖泊及水库中。

梅尼小环藻

6. 扭曲小环藻（*Cyclotella comta*）

分类地位：硅藻门—中心纲—圆筛藻目—圆筛藻科—小环藻属。

形态特征：细胞圆盘形至鼓形。壳面呈同心波曲，边缘带具放射状的粗线纹，10 μm 内具 13~20 条；粗线纹间又具短的粗线纹，10 μm 内具 4~5 条。中心区具稀疏的或呈放射状排列的点纹。中心区与边缘区常具 1 轮无纹区。

细胞大小：直径为 15~50 μm。

生态特征：常见淡水种类，分布很广，为静水或流水中的真性浮游种类；喜碱性水体。辽宁地区常见于河流、水库、湖泊、池塘中，且常形成优势种。

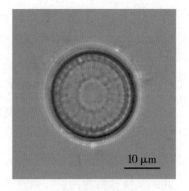

10 μm

扭曲小环藻

7. 普通等片藻（*Diatoma vulagare*）

分类地位：硅藻门—羽纹纲—无壳缝目—脆杆藻科—等片藻属。

形态特征：细胞常连成"Z"形群体。壳面椭圆披针形，中部略凸，两端喙状；假壳缝线形，很狭窄，两侧具横肋纹，肋纹间具横线纹。带面长方形，角圆，间生带数目少。

细胞大小：壳面长 30~60 μm，宽 10~13 μm。

生态特征：常见淡水普生性种类，营固着生活或偶然性浮游生活。辽宁地区常见于河流、湖泊和水库中。

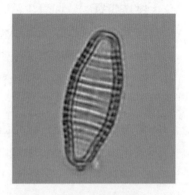

普通等片藻

8. 冬生等片藻（*Diatoma hiemale*）

分类地位：硅藻门—羽纹纲—无壳缝目—脆杆藻科—等片藻属。

形态特征：细胞常连成带状群体。壳面线形披针形，两端尖或喙状；假壳缝中间较宽，两端变狭，两端具横肋纹和横线纹；肋纹粗，10 μm 内具 2~6 条，线纹在 10 μm 内具 16~20 条。带面长方形，角圆。间生带较多。

细胞大小：壳面长 16~103 μm，宽 7~16 μm。

生态特征：偶然性浮游种类，营浮游或固着生活。辽宁地区常见于水温较低的小溪、河流或水库中。

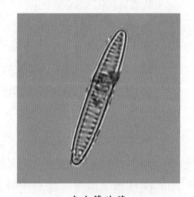

冬生等片藻

9. 美丽星杆藻（*Asterionella formosa*）

分类地位：硅藻门—羽纹纲—无壳缝目—脆杆藻科—星杆藻属。

形态特征：细胞棒状，两端略膨大呈圆形，以一端相连形成放射状群体，假壳缝狭。

细胞大小：壳面长 50~70 μm，宽 5~8 μm。

生态特征：极常见淡水普生性种类，分布很广，营浮游生

美丽星杆藻

活；5℃时的最适光强为 2 000 lx，10℃和 17℃分别为 3 500 lx 和 5 500 lx。辽宁地区常见于中营养型的江河、水库、湖泊等水体中；常在水丰水库中大量出现。

10. 弧形蛾眉藻直变种（*Ceratoneis arcus* var. *recta*）

分类地位：硅藻门—羽纹纲—无壳缝目—脆杆藻科—蛾眉藻属。

形态特征：壳面弓形，两端略呈头状；假壳缝狭窄，明显可见；壳体分背腹两侧，腹侧中部具略凸出的假节，假节处无线纹。

细胞大小：壳面长 15~150 μm，宽 4~9 μm。

生态特征：营固着生活，有时营浮游生活。辽宁地区常见于水温较低、贫营养型流动水体中，常在水丰水库中大量出现。

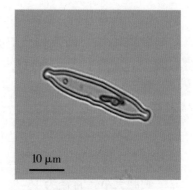

弧形蛾眉藻直变种

11. 克罗顿脆杆藻（*Fragilaria crotonensis*）

分类地位：硅藻门—羽纹纲—无壳缝目—脆杆藻科—脆杆藻属。

形态特征：细胞常以壳面相连形成长带状群体。壳面长线形，中间较粗，两端渐细，末端略膨大，钝圆形。假壳缝线形，横线纹细。中心区矩形，无线纹。

细胞大小：壳面长 50~90 μm，宽 3~6 μm。

生态特征：常见淡水普生性种类，喜生长于具有缓慢流速的水体中。辽宁地区常见于江河、水库、湖泊中；常在水丰水库中大量出现并形成水华；是水丰水库中最为常见且数量最大的优势种。

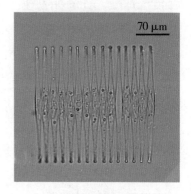

克罗顿脆杆藻

12. 肘状针杆藻（*Synedra ulna*）

分类地位：硅藻门—羽纹纲—无壳缝目—脆杆藻科—针杆藻属。

形态特征：壳面线形至线形披针形，末端略呈宽顿圆形；横线纹较粗，由点纹组成，两端偶见放射排列；假壳缝狭窄，线形；中心区横矩形或无。带面线形。

细胞大小：壳面长 50~80 μm，宽 5~9 μm。

生态特征：常见淡水普生性种类。辽宁地区常见于河流、湖泊和水库中。

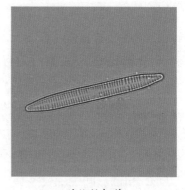

肘状针杆藻

13. 肘状针杆藻尖喙变种（*Synedra ulna* var. *oxyrhynchus*）

分类地位：硅藻门—羽纹纲—无壳缝目—脆杆藻科—针杆藻属。

形态特征：壳面线形长披针形，末端呈明显喙状突出，喙端呈宽顿圆形；横线纹较粗；假壳缝狭窄，线形；中心区横矩形。带面线形。

细胞大小：壳面长 120~140 μm，宽 5~9 μm。

肘状针杆藻尖喙变种

生态特征：常见淡水种类，分布很广。辽宁地区常见于河流、湖泊和水库中；是水丰水库中常见种类。

14. 尖针杆藻（*Synedra acus*）

分类地位：硅藻门—羽纹纲—无壳缝目—脆杆藻科—针杆藻属。

形态特征：壳面细线形或长披针形，中间宽向两端渐变狭，末端钝圆形或近头状；壳面中间为矩形无花纹的中轴区。假壳缝狭窄，线形。

细胞大小：壳面长 90~300 μm，宽 5~6 μm。

生态特征：常见淡水种类。辽宁地区常出现在河流、湖泊和水库中；常在水丰水库中大量出现并形成水华，是水丰水库中最为常见种类之一。

尖针杆藻

15. 尖针杆藻极狭变种（*Synedra acus* var. *angustissima*）

分类地位：硅藻门—羽纹纲—无壳缝目—脆杆藻科—针杆藻属。

形态特征：本变种与原种的显著区别是：本变种壳体很细长，中部几乎不广大。

细胞大小：壳面长 109~225 μm，宽 1~3 μm。

生态特征：淡水普生性种类，辽宁地区常见于江河、湖泊及水库中。常在水丰水库中大量出现并形成水华，是水丰水库中最为常见种类之一。

尖针杆藻极狭变种

16. 彩虹长篦藻（*Neidium iridis*）

分类地位：硅藻门—羽纹纲—双壳缝目—舟形藻科—长篦藻属。

形态特征：壳面线形披针形至线形椭圆形；两侧外凸，弧形，末端钝圆形。壳面中轴区线形披针形；中心区圆形或横椭圆形；由点纹组成的横线纹较粗，10 μm 内有 16~19 条；壳缘具几条纵线纹。

细胞大小：壳面长 45~200 μm，宽 15~30 μm。

生态特征：淡水普生性种类；辽宁地区常见于微流动的河流、湖泊及水库中。

彩虹长篦藻

17. 美丽双壁藻（*Diploneis puella*）

分类地位：硅藻门—羽纹纲—双壳缝目—舟形藻科—双壁藻属。

形态特征：壳面椭圆形，末端广圆形；中央节大小中等，方形；角清楚；纵沟很窄，线形，中部较宽；横肋纹细，略呈放射状，10 μm 内有 12~18 条，肋纹间有很细的点纹。

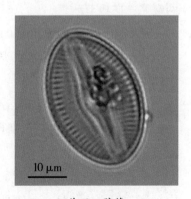

美丽双壁藻

细胞大小：壳面长 13~27 μm，宽 6~14 μm。

生态特征：分布于淡水或半咸水中，辽宁地区常见于河流、湖泊及水库中。

18. 尖头舟形藻（*Navicula cuspidada*）

分类地位：硅藻门—羽纹纲—双壳缝目—舟形藻科—舟形藻属。

形态特征：壳面菱形披针形，末端略呈喙状；中轴区狭线形；中心区略放宽；横线纹平行排列与纵线纹十字交叉成布纹，横线纹在 10 μm 内有 10~19 条，纵线纹在 10 μm 内具 25 条。

细胞大小：壳面长 50~170 μm，宽 17~37 μm。

繁殖方式：由 2 个母细胞原生质分裂形成 2 个配子，2 对配子结合形成 2 个复大孢子，舟形藻属各种类均为此繁殖方式。

生态特征：淡水普生性种类，辽宁地区常见于江河、湖泊及水库中。

尖头舟形藻

19. 双球舟形藻（*Navicula amphibola*）

分类地位：硅藻门—羽纹纲—双壳缝目—舟形藻科—舟形藻属。

形态特征：壳面椭圆披针形，末端宽喙状，平截，中轴区狭窄；中心区大横矩形；横线纹明显由点纹组成，呈放射状排列，在中心区两侧为长短交替排列。色素体 2 个，呈片状。

细胞大小：壳面长 34~70 μm，宽 16~28 μm。

生态特征：喜生长于 pH 近中性、贫营养型的水体中。辽宁地区常见于河流、湖泊及水库中。

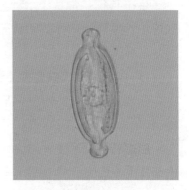

双球舟形藻

20. 微绿舟形藻（*Navicula viridula*）

分类地位：硅藻门—羽纹纲—双壳缝目—舟形藻科—舟形藻属。

形态特征：壳面线性披针形，两端略延长，末端广圆形；中轴区狭窄；中央区大，圆形；横线纹较粗，在中央呈放射状排列，两端略斜向极节。

细胞大小：壳面长 40~80 μm，宽 10~15 μm。

生态特征：常见淡水种类，喜生长于贫营养型、微碱性淡水水体中。

微绿舟形藻

21. 放射舟形藻（*Navicula radiosa*）

分类地位：硅藻门—羽纹纲—双壳缝目—舟形藻科—舟形藻属。

形态特征：壳面狭披针形，两端逐渐狭窄，末端狭钝圆形；中轴区狭窄；中心区小，菱形；横线纹呈放射状排列，两端斜向

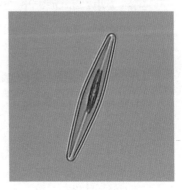

放射舟形藻

极节，10 μm 内有 10~12 条。

  细胞大小：壳面长 40~120 μm，宽 10~19 μm。

  生态特征：淡水普生性种类，喜生长于 pH 近中性的水体中。辽宁地区常见于江河、湖泊及水库中。

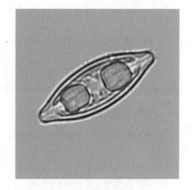

扁圆舟形藻

  22. **扁圆舟形藻**（*Navicula placentula*）

  分类地位：硅藻门—羽纹纲—双壳缝目—舟形藻科—舟形藻属。

  形态特征：壳面椭圆披针形，两端略延长，末端钝喙状；中轴区狭窄，线形；中心区大小中等，圆形至横椭圆形；横线纹粗，呈放射状排列，10 μm 内有 6~9 条。

  细胞大小：壳面长 30~70 μm，宽 14~28 μm。

  生态特征：喜生长于 pH 偏碱性、温暖的贫营养型水体中。辽宁地区常见于江河、湖泊及水库中。

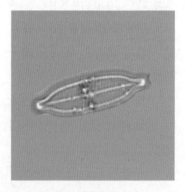

双头舟形藻

  23. **双头舟形藻**（*Navicula dicephala*）

  分类地位：硅藻门—羽纹纲—双壳缝目—舟形藻科—舟形藻属。

  形态特征：壳面宽线形至线形披针形，两端延长，末端喙状至头状；中轴区狭窄；中心区横矩形；横线纹粗，呈放射状排列，10 μm 内有 9~16 条。

  细胞大小：壳面长 20~40 μm，宽 7~13 μm。

  生态特征：淡水普生性种类。辽宁地区常见于江河、湖泊及水库中。

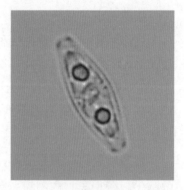

瞳孔舟形藻

  24. **瞳孔舟形藻**（*Navicula pupula*）

  分类地位：硅藻门—羽纹纲—双壳缝目—舟形藻科—舟形藻属。

  形态特征：壳面线形披针形，壳缘两侧中部略凸出，末端广圆形；中轴区狭窄；中心区较宽，横矩形；壳缝直；横线纹纤细，呈放射状排列，10 μm 内有 22~26 条，壳面中部两侧线纹短并较稀疏，极节无线纹，横向放宽。

  细胞大小：壳面长 20~40 μm，宽 6~10 μm。

  生态特征：淡水普生性种类，广泛分布于各类型水体中。辽宁地区常见于江河、湖泊及水库中。

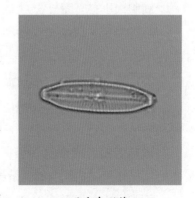

凸出舟形藻

  25. **凸出舟形藻**（*Navicula Protracta*）

  分类地位：硅藻门—羽纹纲—双壳缝目—舟形藻科—舟形藻属。

  形态特征：壳面线形，末端宽喙状，截形；中轴区很窄，中部略放宽；中心区小，圆形；横线纹在中部略呈放射状排列，两端近于平行，10 μm 内具 18~22 条。

　　细胞大小：壳面长 20~35 μm，宽 7~10 μm。

　　生态特征：分布于淡水及半咸水中。辽宁地区常见于江河、湖泊及水库中。

26. 隐头舟形藻（*Navicula cryptocephala*）

　　分类地位：硅藻门—羽纹纲—双壳缝目—舟形藻科—舟形藻属。

　　形态特征：壳面披针形，两端延长，末端略呈头喙状；中轴区狭窄；中心区横向放宽；横线纹很细，呈放射状排列，两端斜向极节，10 μm 内具 16~18 条。

　　细胞大小：长 20~40 μm，宽 5~7 μm。

　　生态特征：分布于淡水及半咸水中。辽宁地区常见于江河、湖泊及水库中。

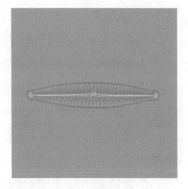

隐头舟形藻

27. 小头舟形藻（*Navicula capitata*）

　　分类地位：硅藻门—羽纹纲—双壳缝目—舟形藻科—舟形藻属。

　　形态特征：壳面椭圆披针形，末端喙状至头状；中轴区狭窄；中心区小，圆形；壳缝直；横线纹粗，中部呈放射状排列，两端斜向极节，10 μm 内具 8~11 条，极节无横线纹。

　　细胞大小：壳面长 12~47 μm，宽 5~10 μm。

　　生态特征：淡水普生性种类。辽宁地区常见于江河、湖泊及水库中。

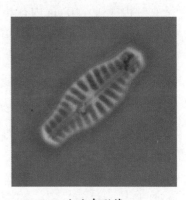

小头舟形藻

28. 圆环舟形藻（*Navicula placenta*）

　　分类地位：硅藻门—羽纹纲—双壳缝目—舟形藻科—舟形藻属。

　　形态特征：壳面椭圆形，末端呈喙状至头状；中轴区窄；中心区小，圆形至长椭圆形；壳面具 3 条线纹有规则交叉而形成的窝孔状，线纹 10 μm 内具 22~28 条。

　　细胞大小：壳面长 35~44 μm，宽 14~17 μm。

　　生态特征：淡水普生性种类。辽宁地区常见于江河、湖泊及水库中。

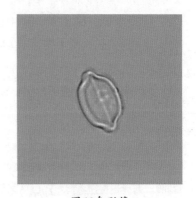

圆环舟形藻

29. 最小舟形藻（*Navicula minima*）

　　分类地位：硅藻门—羽纹纲—双壳缝目—舟形藻科—舟形藻属。

　　形态特征：壳面线形椭圆形，末端广圆形；中轴区很狭窄；中心区横矩形；横线纹细，呈放射状排列，10 μm 内具 25~26 条。

　　细胞大小：壳面长 8~17 μm，宽 2.5~5.0 μm。

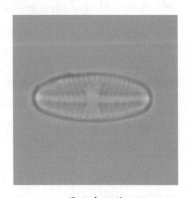

最小舟形藻

生态特征：淡水普生性种类。辽宁地区常见于江河、湖泊及水库中。

30. 系带舟形藻（*Navicula cincta*）

分类地位：硅藻门—羽纹纲—双壳缝目—舟形藻科—舟形藻属。

形态特征：壳面线形披针形，末端钝圆；中轴区狭窄；中心区小，略横向放宽；横线纹呈放射状排列，两端斜向极节，10 μm 内具 12~17 条。

细胞大小：壳面长 18~40 μm，宽 4~6 μm。

生态特征：分布广泛，淡水及半咸水中均有出现。辽宁地区常见于江河、湖泊及水库中。

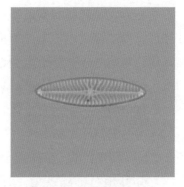

系带舟形藻

31. 杆状舟形藻（*Navicula bacillum*）

分类地位：硅藻门—羽纹纲—双壳缝目—舟形藻科—舟形藻属。

形态特征：壳面线形，两侧边缘略凸出，末端钝圆；中轴区狭窄，线形；中心区圆形；壳缝直；横线纹略呈放射状排列，壳面中部 10 μm 内有 10~14 条，两端 15~20 条；极节无线纹，横向扩大。

细胞大小：壳面长 30~89 μm，宽 9~20 μm。

生态特征：淡水普生性种类。辽宁地区常见于江河、湖泊及水库中。

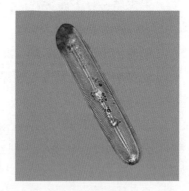

杆状舟形藻

32. 同族羽纹藻（*Pinnularia gentilis*）

分类地位：硅藻门—羽纹纲—双壳缝目—舟形藻科—羽纹藻属。

形态特征：壳面线形，中部及广圆形的末端均略横向膨大；中轴区占壳面宽度的 1/3；中央节略扩大；中央区宽椭圆形；壳缝构造复杂呈波状；横肋纹在壳面中部呈放射状排列，两端斜向极节，10 μm 内有 6~7 条；壳面具 2 条明显的与横肋纹交叉的纵线纹。

细胞大小：壳面长 140~260 μm，宽 22~36 μm。

生态特征：淡水普生性种类。辽宁地区常见于具有一定流速的江河、湖泊及水库中。

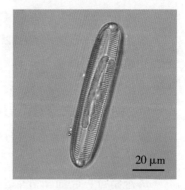

20 μm

同族羽纹藻

33. 细条羽纹藻布雷变种（*Pinnularia microstauron* var. *brebissonii*）

分类地位：硅藻门—羽纹纲—双壳缝目—舟形藻科—羽纹藻属。

形态特征：壳面线形至线形披针形，两侧边缘平直或略凸出，

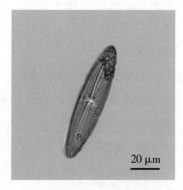

20 μm

细条羽纹藻布雷变种

末端宽喙状或钝喙状至略呈头状；中轴区狭线形，中部扩大呈披针形；中心区大小中等或宽横带状；横肋纹在壳面中部呈放射状排列，两端逐渐斜向极节，10 μm 内具 10~16 条。

细胞大小：壳面长 75~130 μm，宽 12~15 μm

生态特征：淡水普生性种类。辽宁地区常见于具有一定流速的江河、湖泊及水库中。

34. 细布纹藻（*Gyrosigma kützingii*）

分类地位：硅藻门—羽纹纲—双壳缝目—舟形藻科—布纹藻属。

形态特征：壳面披针形，略呈"S"形弯曲，末端钝圆；横线纹与纵线纹等粗；等距离。

细胞大小：壳面长 80~120 μm，宽 18~23 μm。

生态特征：淡水普生性浮游种类。辽宁地区常见于河流、湖泊及水库中。

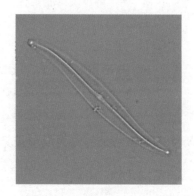

细布纹藻

35. 埃伦桥弯藻（*Cymbella ehrenbergii*）

分类地位：硅藻门—羽纹纲—双壳缝目—桥弯藻科—桥弯藻属。

形态特征：壳面呈椭圆形至菱形披针形；背缘凸出，腹缘中部略凸出。两端钝圆呈喙状。中轴区宽，披针形；中央区圆形扩大；壳缝直，略偏于腹侧；横线纹粗，呈放射状斜向中央区。

细胞大小：壳面长 50~220 μm，宽 15~50 μm。

生态特征：淡水普生性种类。辽宁地区常见于河流、湖泊及水库中。

埃伦桥弯藻

36. 膨胀桥弯藻（*Cymbella tumida*）

分类地位：硅藻门—羽纹纲—双壳缝目—桥弯藻科—桥弯藻属。

形态特征：壳面新月形，背侧边缘凸出，腹侧边缘近于平直，中部略凸出，两端延长，末端宽截形；中轴区狭窄，至中央节处略扩大；壳缝略偏于腹侧，弯曲呈弓形，近末端分叉；腹侧中央区具 1~2 个单独的点纹；横线纹呈放射状排列，腹侧及两端横线纹较密。

细胞大小：壳面长 40~105 μm，宽 15~23 μm。

生态特征：淡水普生性种类，辽宁地区常见于河流、湖泊及水库中。

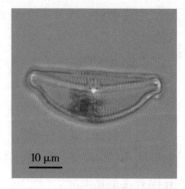

10 μm

膨胀桥弯藻

37. 偏肿桥弯藻（*Cymbella ventricosa*）

分类地位：硅藻门—羽纹纲—双壳缝目—桥弯藻科—桥弯藻属。

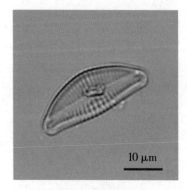

10 μm

偏肿桥弯藻

形态特征：壳面月形至半椭圆形，有明显的背腹之分。背侧边缘凸出，腹侧平直或中部略凸出，两侧略延长，末端尖圆形。中轴区狭窄，中央区不扩大或略扩大。壳缝直，偏于腹侧。横线纹呈放射状排列，两端斜向极节，10 μm 内具 12~18 条。

细胞大小：壳面长 10~40 μm，宽 5~12 μm。

生态特征：淡水普生性种类，辽宁地区常见于河流、湖泊及水库中。

38. 近缘桥弯藻（*Cymbella affinis*）

分类地位：硅藻门—羽纹纲—双壳缝目—桥弯藻科—桥弯藻属。

形态特征：壳面呈半披针形至半椭圆形，有明显背腹之分；背侧凸出，腹侧近平直或略凸出；末端一般呈短喙状；中轴区狭窄；中央区略扩大，近圆形；腹侧中心区具 1 个单独点纹；横线纹放射状斜向中央区。

细胞大小：壳面长 20~70 μm，宽 6~16 μm。

生态特征：淡水普生性种类，广泛分布于各类型水体中；营底栖固着兼浮游生活。辽宁地区常见于河流、湖泊及水库中。

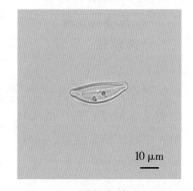

10 μm

近缘桥弯藻

39. 新月桥弯藻（*Cymbella cymbiformis*）

分类地位：硅藻门—羽纹纲—双壳缝目—桥弯藻科—桥弯藻属。

形态特征：壳面新月形，背侧边缘隆起；腹侧边缘近平直，中央略凸出；两端钝圆；中轴区狭窄，中央节处略扩大；腹侧具 1 个单独的点纹；横线纹由点纹组成，呈放射状排列。

细胞大小：壳面长 30~100 μm，宽 9~14 μm。

生态特征：淡水普生性种类，分布广泛。辽宁地区常见于河流、湖泊及水库中。

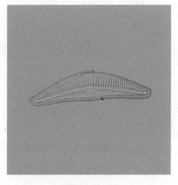

新月桥弯藻

40. 埃伦拜格桥弯藻（*Cymbella excise*）

分类地位：硅藻门—羽纹纲—双壳缝目—桥弯藻科—桥弯藻属。

形态特征：壳面新月形，背侧边缘凸出，腹侧边缘有一明显缺刻；两端延长，末端宽截形；壳缝略偏于腹侧。

细胞大小：壳面长 30~60 μm，宽 12~20 μm。

生态特征：淡水普生性种类，营底栖固着或浮游生活。

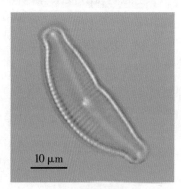

10 μm

埃伦拜格桥弯藻

41. 尖异极藻花冠变种（*Gomphonema acuminatum* var. *coronate*）

分类地位：硅藻门—羽纹纲—双壳缝目—异极藻科—异极藻属。

形态特征：壳面楔形，上端宽，具翼状凸起，中部略凸出，下端明显逐渐狭窄；中轴区狭窄；中心区大小中等，在其一侧有 1 个单独的点纹；横线纹呈放射状排列，10 μm 内有 9~11 条。

细胞大小：壳面长 50~100 μm，宽 8~15 μm。

生态特征：淡水普生性种类；喜生长于偏酸性、贫营养至中营养型水体中。辽宁地区常见水坑、池塘、河流、湖泊及水库沿岸带。营底栖固着或浮游生活。

42. 缢缩异极藻（*Gomphonema constrictum*）

分类地位：硅藻门—羽纹纲—双壳缝目—异极藻科—异极藻属。

形态特征：壳面棒状，在上部和中部之间有一显著缢部，上端宽，末端平广圆形或头状，从中部到下部逐渐狭窄；中轴区狭窄；中心区横向放宽，在其一侧有 1 个单独的点纹；明显由点纹组成的横线纹呈放射状排列，中部两侧横线纹长短交互排列，10 μm 内具 10~14 条。

细胞大小：壳面长 25~65 μm，宽 4.5~14 μm。

生态特征：淡水普生性种类，分布广泛。辽宁地区常见于水坑、池塘、河流及湖泊、水库沿岸带。

43. 缢缩异极藻膨胀变种（*Gomphonema constrictum* var. *ventricosum*）

分类地位：硅藻门—羽纹纲—双壳缝目—异极藻科—异极藻属。

形态特征：与种的显著区别是在上部和中部之间无缢部，上端宽，末端平广圆形或头状。

细胞大小：壳面长 25~65 μm，宽 4.5~14 μm。

生态特征：淡水普生性种类，分布广泛。辽宁地区常见于水坑、池塘、河流、湖泊及水库沿岸带。

44. 中间异极藻（*Gomphonema intricatum*）

分类地位：硅藻门—羽纹纲—双壳缝目—异极藻科—异极藻属。

形态特征：壳面线形棒状，两侧中部膨大，上部末端宽钝圆头状，下端显著逐渐狭窄；中轴区宽度中等；中心区宽，在其一侧具 1 个单独的点纹；横线纹略呈放射状排列，10 μm 内具 8~11 条。

细胞大小：壳面长 25~70 μm，宽 5~9 μm。

生态特征：淡水普生性种类，分布广泛。辽宁地区常见于水坑、池塘、河流、湖泊及水库沿岸带。

45. 扁圆卵形藻（*Cocconeis placentula*）

分类地位：硅藻门—羽纹纲—单壳缝目—曲壳藻科—卵形藻属。

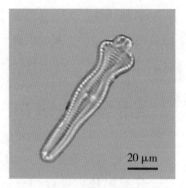

尖异极藻花冠变种

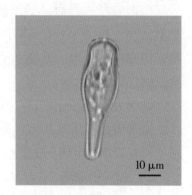

缢缩异极藻

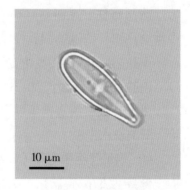

缢缩异极藻膨胀变种

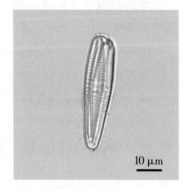

中间异极藻

形态特征：壳面椭圆形；具假壳缝的一面横线纹由同大的小孔纹连成；具壳缝的一面，各线纹均在近壳的边缘中断，形成一个环绕在近壳缘四周的环状平滑区。

细胞大小：壳面长 11~70 μm，宽 8~40 μm。

生态特征：常见淡水普生性种类；喜生长于中性至碱性温性水体中；常营固着生活，兼营浮游生活。辽宁地区常见于水坑、池塘、河流、湖泊及水库沿岸带。

扁圆卵形藻

46. 扁圆卵形藻多孔变种（*Cocconeis placentula* var. *euglypta*）

分类地位：硅藻门—羽纹纲—单壳缝目—曲壳藻科—卵形藻属。

形态特征：与种的显著差异是：具假壳缝的一面由于横线纹的间断，横线纹间形成纵波状条纹。

细胞大小：壳面长 11~70 μm，宽 8~40 μm。

生态特征：常见淡水普生性种类；喜生长于中性至碱性温性水体中；常营固着生活，兼营浮游生活。辽宁地区常见于水坑、池塘、河流、湖泊及水库沿岸带。

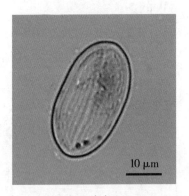

10 μm

扁圆卵形藻多孔变种

47. 弯形弯楔藻（*Rhoicosphenia curvata*）

分类地位：硅藻门—羽纹纲—单壳缝目—曲壳藻科—弯楔藻属。

形态特征：壳面棒状；一侧壳面凸出，其上下两端仅具发育不完全的壳缝；另一侧壳面凹入，具壳缝，中央区长方形，横线纹放射状。带面弯楔形，上宽下窄，末端具 2 个与壳面平行的隔膜。

细胞大小：壳面长 12~75 μm，宽 4~8 μm。

生态特征：淡水及半咸水普生性种类，常以胶质柄或垫状物着生在其他基质上。

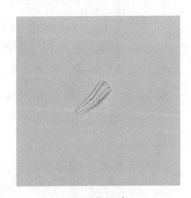

弯形弯楔藻

48. 斑纹窗纹藻（*Epithemia zebra*）

分类地位：硅藻门—羽纹纲—管壳缝目—窗纹藻科—窗纹藻属。

形态特征：壳面直长，背侧凸出，腹侧略凹入，末端宽钝圆形；腹侧中部有 1 条 "V" 形的管壳缝，其内壁有多个圆形小孔与细胞内部互通；具中央节和极节；肋纹粗，呈放射状横贯壳内的横隔壁；肋纹间有 4~7 条与之平行的窝孔纹。在壳面和带面接合处具 1 条明显的隔膜。带面长方形，具 1 块侧生的缘边具裂片的色素体。

繁殖方式：由 2 个母细胞分别形成 2 个配子，再由 2 对配子

100 μm

斑纹窗纹藻

接合形成 2 个复大孢子。

细胞大小：壳面长 30~150 μm，宽 7~14 μm。

生态特征：淡水普生性种类。辽宁地区常见于河流、湖泊及水库中。

49. 谷皮菱形藻（*Nitzschia palea*）

分类地位：硅藻门—羽纹纲—管壳缝目—菱形藻科—菱形藻属。

形态特征：壳面线形至线形披针形，两端逐渐狭窄，末端楔形；龙骨点 10 μm 内具 10~15 个；横线纹很细，10 μm 内具 33~40 条。

细胞大小：壳面长 20~65 μm，宽 2.5~6 μm。

生态特征：常见淡水普生性种类，分布广泛；营固着或浮游生活。辽宁地区常见于水坑、池塘、河流、湖泊及水库沿岸带。

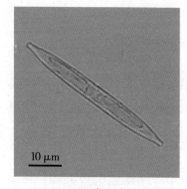

10 μm

谷皮菱形藻

50. 线形菱形藻（*Nitzschia linearis*）

分类地位：硅藻门—羽纹纲—管壳缝目—菱形藻科—菱形藻属。

形态特征：壳面棒状，两侧平行，具龙骨突起一侧的中部边缘缢入，两端渐狭，末端凸出呈头状；龙骨点 10 μm 内具 8~13 个；横线纹 10 μm 内具 28~30 条。

细胞大小：壳面长 70~180 μm，宽 5~6 μm。

生态特征：淡水普生性种类，营固着或浮游生活。辽宁地区常见于水坑、池塘、河流、湖泊及水库沿岸带。

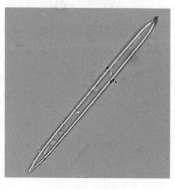

线形菱形藻

51. 双尖菱板藻（*Hantzschia amphioxys*）

分类地位：硅藻门—羽纹纲—管壳缝目—菱形藻科—菱板藻属。

形态特征：细胞棒状，壳面弓形，背缘略凸出，腹侧凹入，两端显著逐渐狭窄；两侧边缘缢缩或不缢缩，两端喙状或头状；具小的中央节和极节；龙骨在壳面一侧边缘突起，管壳缝位于龙骨突起上；管壳缝内壁龙骨点明显，上下壳的龙骨突起彼此平行相对。带面矩形，两端截形。色素体带状，2 个。

细胞大小：壳面长 20~100 μm，宽 5~10 μm。

繁殖方式：由 2 个母细胞结合产生 1 对复大孢子。

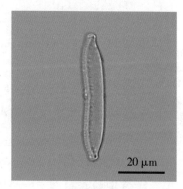

20 μm

双尖菱板藻

生态特征：淡水及半咸水普生性种类，适合生长于水温不高、中营养型的流动水体中。辽宁地区常见于河流、湖泊及水库中。

52. 草鞋形波缘藻（*Cymatopleura solea*）

分类地位：硅藻门—羽纹纲—管壳缝目—双菱藻科—波缘藻属。

形态特征：壳面宽条形，做横向上下起伏；中部缢缩，末端钝圆楔形；壳面两侧边缘具龙骨，上有管壳缝；壳面两侧具粗的横肋纹，肋纹很短，使壳缘成串珠状；肋纹间有细线纹。带面线形，两侧具明显的波状皱褶。色素体 2 个。

　　细胞大小：壳面长 30~300 μm，宽 12~40 μm。

　　繁殖方式：由 2 个母细胞接合产生 1 对复大孢子。

　　生态特征：淡水普生性种类。辽宁地区常见于河流、湖泊及水库中。

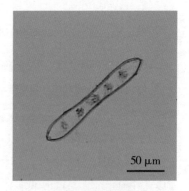

草鞋形波缘藻

53. 端毛双菱藻（*Surirella capronii*）

　　分类地位：硅藻门—羽纹纲—管壳缝目—双菱藻科—双菱藻属。

　　形态特征：壳体两端异形，不等宽。壳面卵形，上端末端钝圆形，下端末端近圆形；龙骨很发达，宽，形成很明显的翼状突起，翼状管 100 μm 内具 7~15 条；壳面上端或上下两端中部各有 1 个基部膨大的刺状突起，突起顶部具一短刺。带面广楔形。

　　细胞大小：壳面长 120~350 μm，宽 60~125 μm。

　　生态特征：淡水普生性种类，在半咸水中也有分布。辽宁地区常见于河流、湖泊及水库中。

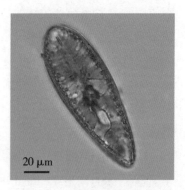

端毛双菱藻

54. 粗壮双菱藻（*Surirella robusta*）

　　分类地位：硅藻门—羽纹纲—管壳缝目—双菱藻科—双菱藻属。

　　形态特征：壳体两端异形。壳面卵形至椭圆形，末端钝圆形；翼很发达，翼状突起清楚，翼状管 100 μm 内具 7~15 条。带面楔形。

　　细胞大小：壳面长 150~400 μm，宽 50~150 μm。

　　生态特征：淡水普生性种类。辽宁地区常见于河流、湖泊及水库中。

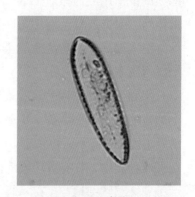

粗壮双菱藻

55. 螺旋双菱藻（*Surirella spiralis*）

　　分类地位：硅藻门—羽纹纲—管壳缝目—双菱藻科—双菱藻属。

　　形态特征：壳体两端异形。壳面线形椭圆形，两端逐渐狭窄，末端钝圆形或略呈楔形；翼状突起清楚，翼状管 100 μm 内具 15~30 条。带面呈"8"形。

　　细胞大小：壳面长 50~200 μm。

　　生态特征：淡水普生性种类。辽宁地区常见于河流、湖泊及水库中。

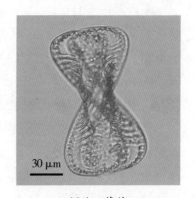

螺旋双菱藻

六、裸藻门（Euglenophyta）

裸藻又称眼虫藻，同金藻、甲藻、隐藻、绿藻中的具鞭毛的种类一起称为鞭毛藻类。裸藻绝大部分种类为单细胞、具鞭毛的运动个体；少数种类具有胶质柄，营固着生活；极少数是由多个细胞聚集而成不定形群体。

（一）形态结构

裸藻细胞呈纺锤形、圆形、圆柱形、卵形、球形、椭圆形、卵圆形等。末端常尖细，或具刺。横断面圆形、扁形或多角形。细胞裸露无细胞壁，由原生质体外层在质膜下特化成表质，也称周质体（periplast）。表质较硬的种类细胞能保持一定的形态，表质柔软的种类细胞形态多变。表质由平且紧密结合的线纹（striae）组成，多数线纹以螺旋状包围在藻体外部。裸藻的线纹在电镜下观察，结构非常特殊，每条线纹都有一个隆起的脊，称为表质脊（pellicle ridge），还有深凹的沟，称为表质沟（pellicle groove）。相邻的 2 条线纹的脊和沟以关节状相互勾连吻合。线纹下是黏液胞，其分泌的黏液或胶质通过小管输送到沟槽内。有些种类受到刺激时分泌大量黏液，形成一个较厚的胶质层。表质下还有微管，是细胞的骨架。表质线纹的走向（左旋、右旋或纵向）是裸藻分类的一个依据。

裸藻细胞前部有一个瓶状的"沟 - 泡"结构，鞭毛通过它伸出体外。"沟 - 泡"的前端较细，呈管状，称为沟道（cannal），其上端有一开口与体外相通。"沟 - 泡"下部膨大呈球形或梨形，称为"裸藻泡"（euglenoid wacuole），也称作"储蓄泡"（reservior）。紧靠在裸藻泡上常有一个具渗透调节作用的伸缩泡（contractile vacuole），细胞吸收的过剩水分及代谢废物通过"沟 - 泡"排出体外，但少数海生和寄生的种类无伸缩泡。

绝大多数裸藻种类在营养期时具有鞭毛，仅极少数种类在生命周期的大部分时间内脱落鞭毛，营附着生活。但在"沟 - 泡"内仍保留有鞭毛的残根。当附着细胞从基质上脱离时，仍可重新长出鞭毛。裸藻鞭毛属茸鞭形（tinsel type），其一侧附有一列螺旋藻状排列的细茸毛。本门藻类的鞭毛基本数是 2 条，几乎都不等长，其动力学性质也不相同。一条常伸向前方游动，称为游动鞭毛（trailing flagellum）。只在极少数等长多鞭毛种类中，鞭毛的动力学性质是相同的。在大多数裸藻种类中，仅有游动鞭毛伸出体外，另一条在"沟 - 泡"中退化成残根，并与游动鞭毛的基部呈"叉"状结构连接在一起。因此，在裸藻种类中，所谓的单鞭毛类型实际上是双鞭毛类型退化的结果。

眼点和副鞭体（paraflagellar body）是绿色裸藻类特有的结构，具有对光的反应能力。无色素的种类大多没有眼点。眼点常靠在"沟 - 泡"壁上，由 20~50 个红色颗粒组成，含有 α- 胡萝卜素、β- 胡萝卜素的衍生物以及其他几种叶黄素。副鞭体也称鞭毛隆体或副鞭隆体（flagellar swelling or paraflagellar swelling），位于与眼点相对应的游动鞭毛基部，在鞭毛膜内、靠近鞭毛轴丝隆起而成的一个晶状组织，使该种类具有良好的趋光作用。

裸藻细胞核极为特殊，它虽然为真核类型，但同时具有非常明显的间核性质，很多性状与甲藻细胞核类似，即染色体恒定地处于致密状态且不消失。

大多数裸藻种类，即绿色裸藻类（green euglenoids）具有色素体，为三层膜结构，被两层叶绿体膜和外面一层色素体内质网状膜所包围。色素体片层由 3 条类囊体（thylakoids）构成，其结构和所含的色素体成分与绿藻类几乎完全相同。裸藻的色素有叶绿素 a、叶绿素 b 和 β– 胡萝卜素等。某些种类，主要是裸藻属（Euglena）的一些种类细胞内除了光合色素外还存在红色的非光合色素，称裸藻红素或裸藻红酮（euglenarhodine or euglenarhodone）。它的主要成分是四酮基 –β– 胡萝卜素（tetraketo-β-carotin）。裸藻色素体的有无、形状、蛋白核的有无及其形态是分类的重要依据。蛋白核是裸藻类色素体的一个重要组成部分，是被光合作用同化产物——副淀粉（paramylon）所包围而成的鞘状结构。极少数种类的蛋白核是裸露的，没有副淀粉鞘。而有的绿色裸藻类没有蛋白核结构。

副淀粉，或称裸藻淀粉（paramylon）是裸藻最主要同化产物（储藏物质）；和淀粉一样，都属于多糖类，但其与碘不发生蓝黑色反应。副淀粉在细胞内聚合成各种形状的颗粒，称为副淀粉粒。其大小不等，有杆状、杯状、圆盘状、球状、椭圆状或假环状等各种形状，这也是裸藻种类鉴定的一个重要特征。脂类是除淀粉外的另一种储藏物质，在细胞内呈油滴状。一般情况下其含量极少，只在老年细胞中常有较多的褐色或橙色的油滴聚集其中。

某些绿色裸藻种类细胞外具有一个壳状的特殊结构称为囊壳（loria shell）。它是由细胞内分泌的胶质并成索状交织经矿化后形成的，其前端具圆形的鞭毛孔，孔的周围有时增厚、有齿或有管状的壳领。表面平滑或具点纹、刺、瘤突等纹饰。其形成早期主要是胶质，薄且无色。随着铁、锰化合物的沉积，矿化程度不断加强而逐渐增厚并呈黄、橙、褐等颜色。囊壳的形状及纹饰是这些绿色裸藻的重要分类特征。

（二）营养方式

裸藻的营养方式主要有以下四种。

（1）在绿色裸藻种类中，能进行光合作用，但不是完全的光合自养生物，必须补充某些有机质（如维生素等）才能正常生长，因此被称为光合缺陷型营养（pholoauxo troph）。

（2）某些无色裸藻种类，通过渗透作用，吸收环境中的有机营养来维持生命活动，称为渗透性营养（os-motrophic nutrition），或腐生营养（saprophytic nurtition）。

（3）某些无色裸藻种类通过吞噬食物（如细菌、单细胞藻类或其他有机颗粒）来获得营养物质，称为吞噬营养（phagotrophic nutrition）或动物性营养（holozoic nutrition）。某些进行摄食营养的无色裸藻种类同时还进行渗透性营养。

（4）极少数种类寄生在动物的肠道内或鱼鳃上。

（三）繁殖方式

裸藻类繁殖很简单，细胞纵分裂进行无性繁殖，细胞核先分裂，然后原生质体向前向后分裂。在运动状态或静止状态均可发生，在静止状态时子细胞不分离，外有胶被，形成不定形群体。虽曾有过关于配子结合形成合子的有性生殖的报道，但至今仍未获得充分的证实。但是仍发现过类似有性生殖过程的现象，即有核的减数分裂和子核融合现象（不是配子结合），并得到了证明。在不良环境下，有些种类可以形成孢囊（cyst），有保护孢囊、休眠孢囊及生殖孢囊之分。前两者当外界条件不良时形成，等环境好转再行分裂。或者具弹性和渗透作用的外膜，可分裂成32 个或 64 个子细胞。孢囊多数呈球状，其表面常具较厚的胶质被，在胶质被内仍可进行细胞分类。许多孢囊可以聚合在一起形成与衣藻相似的胶群体（palmella），胶群体一般是膜状的，也发现有呈团块状的。

（四）生态特征

裸藻类植物大多生活在淡水水体中，分布广泛，在湖泊、河流的沿岸地带、沼泽、稻田、沟渠和潮湿的土壤上均可生长。裸藻类都需要环境中存在有机质，大多数裸藻种类都喜生于有机质比较丰富的环境中，有的特别耐有机污染。某些裸藻种类由于能够迅速有效地利用乙酸、丁酸及其相关的醇类物质，因此称它们为乙酸鞭毛类（acetate flagellate）。裸藻多喜欢有机质丰富的静水水体，在阳光充足的温暖季节常大量繁殖形成优势种，甚至形成绿色、血红色膜状水华或褐色云彩状水华。裸藻属、囊裸藻属是淡水中极为常见的种类，有些种类亦可在北方冰下水体中形成优势种群。双鞭藻分布于半咸水和海水中，为重要的海产属。

（五）利用价值

裸藻通常是污水的指示生物。无色素体种类，如袋鞭藻属、变胞藻属等在污水处理中的氧化塘生物自净过程中可起较大作用。裸藻可作为水生动物的食物，血红裸藻可在养鱼塘大量繁殖，是肥水和好水的标志，可作为某些滤食性鱼类的饵料。但它被消化利用的程度如何，相关研究不多，相关研究人员也有不同的看法。

（六）常见种类

1. 细粒囊裸藻（*Trachelomonas granulosa*）

分类地位：裸藻门—裸藻纲—裸藻目—裸藻科—囊裸藻属。

形态特征：囊壳椭圆形，表面密集均匀分布着小颗粒。鞭毛孔有或无领状突起。黄褐色或深红褐色。

细胞大小：囊壳长 17~26 μm，宽 13~22 μm；领宽 3.5 μm。

生态特征：常见淡水种类，喜生长于富营养型静态水体中。辽宁地区常见于池塘、鱼塘、河流及水库的沿岸带。

细粒囊裸藻

2. 尾棘囊裸藻（*Trachelomonas armata*）

分类地位：裸藻门—裸藻纲—裸藻目—裸藻科—囊裸藻属。

形态特征：囊壳椭圆形或卵圆形，前端窄，后端宽圆；表面光滑或具密集的点纹，后端具 8~11 根长锥刺，呈圆圈状排列，略向内弯，有时呈乳头状突起。鞭毛孔有或无环状加厚圈，有时具领状突起或低领，领口平截或具细齿刻。透明或黄褐色。鞭毛约为体长的 2 倍。

细胞大小：囊壳长 32~40 μm（不包括刺长），宽 24~30 μm；锥刺长 1~9 μm。

生态特征：喜生长于富营养型静态水体中。辽宁地区常见于池塘、鱼塘、河流滞留区、湖泊及水库的沿岸带。

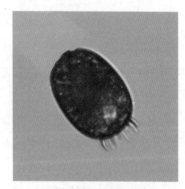

尾棘囊裸藻

3. 三棱扁裸藻（*Phacus triqueter*）

分类地位：裸藻门—裸藻纲—裸藻目—裸藻科—扁裸藻属。

形态特征：细胞长卵形，两端宽圆，前端略窄；后端具一尖尾刺弯向一侧；具龙骨状的背脊突起，高而尖，伸至后部；顶面观呈三棱形，腹面呈弧形或近于平直；表质具纵线纹。具 1~2 个较大的环形或圆盘形副淀粉。鞭毛约与体长相等。

细胞大小：长 37~68 μm，宽 30~45 μm；尾刺长 11~14 μm。

生态特征：常见淡水种类，喜生长于有机质丰富的小型静态水体中。辽宁地区常见于池塘、鱼塘、河流、小型湖泊及水库沿岸带。

4. 长尾扁裸藻（*Phacus longicauda*）

分类地位：裸藻门—裸藻纲—裸藻目—裸藻科—扁裸藻属。

形态特征：细胞宽卵形或梨形，前端宽圆，后端渐细，呈一细长的直向或略弯曲的尖尾刺；表质具纵线纹；具 1 个或数个较大的环形或圆盘形的副淀粉。鞭毛约与体长相等。

细胞大小：长 85~170 μm，宽 40~70 μm；尾刺长 45~88 μm。

生态特征：常见淡水种类，分布广泛。辽宁地区常见于池塘、河流、湖泊及水库中。

5. 膝曲裸藻（*Euglena geniculate*）

分类地位：裸藻门—裸藻纲—裸藻目—裸藻科—裸藻属。

形态特征：细胞易变形，一般呈圆柱形到纺锤形；前端圆形或斜截形，后端收缩成一短而钝的尾状渐尖凸起；表质具自左向右的螺旋形线纹。核的前后两端具 2 个星状色素体；每个色素体具多个放射状排列的臂条；中央为蛋白核，其周围具数量较多的副淀粉粒组成的鞘聚集在蛋白核周围，少数副淀粉粒分散在细胞内。鞭毛约与体长相等。表玻形眼点明显。核位于细胞中央。

细胞大小：长 35~90 μm，宽 10~22 μm。

生态特征：常见淡水种类，喜生长于有机质丰富的小型静态水体中。辽宁地区常见于池塘、鱼塘、河流、小型湖泊及水库沿岸带。

6. 尖尾裸藻（*Euglena oxyuris*）

分类地位：裸藻门—裸藻纲—裸藻目—裸藻科—裸藻属。

形态特征：细胞略能变形，近圆柱形，有时稍扁平，有时呈螺旋形扭转，有时可见螺旋形的腹沟；前端圆形，后端渐细呈尖尾状；表质具自右向左的螺旋形线纹。具多数小盘状色素体，无蛋白核。核的前后两端具 2 个或多个大的环形副淀粉，而小的则呈杆形、卵形或环形的颗粒。鞭毛较短，不易见到，为体长的 1/4~1/2。眼点明显；核位于细胞中央。

细胞大小：长 100~450 μm，宽 16~61 μm。

生态特征：喜生长于有机质丰富的小型静态水体中。辽宁地区常见于池塘、鱼塘、河流、小型湖泊及水库沿岸带。

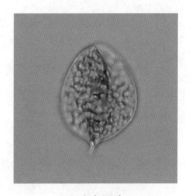

三棱扁裸藻

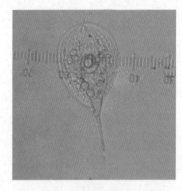

长尾扁裸藻

膝曲裸藻

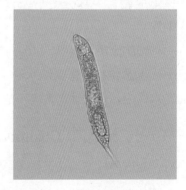

尖尾裸藻

7. 三梭裸藻 (*Euglena tripteris*)

分类地位：裸藻门—裸藻纲—裸藻目—裸藻科—裸藻属。

形态特征：细胞略能变形，呈长三棱形；直向或沿纵轴扭转；前端钝圆或呈角锥形，或具喙状突起；后端渐细呈尖尾状；横切面三棱形；表质线纹明显，为纵向或自左向右螺旋形排列；具多数盘形或卵形色素体，无蛋白核；核的前后两端具2个大的呈长杆形的副淀粉，多数较小的副淀粉呈卵形或杆形的颗粒。鞭毛较短，为体长的1/8~1/2。桃红色眼点明显，表玻形或盘形。核位于细胞中央。

细胞大小：长 62~190 μm，宽 11~23 μm。

生态特征：喜生长于小型静态水体中。辽宁地区常见于池塘、鱼塘、河流、小型湖泊及水库沿岸带。

三梭裸藻

8. 梭形裸藻 (*Euglena acus*)

分类地位：裸藻门—裸藻纲—裸藻目—裸藻科—裸藻属。

形态特征：细胞狭长呈纺锤形或圆柱形，有时可呈扭曲状，略能变形。前端狭窄，圆形或截形；后端渐细，呈长尖尾状。表质具自左向右的螺旋形线纹，或与纵轴平行的纵线纹。具多数盘形或卵形色素体；无蛋白核。具2个或多个较大呈长杆形的副淀粉，有时具分散的卵形小颗粒。核中位；鞭毛短，约为体长的1/4~1/3。淡红色眼点明显，呈盘状或表玻形。

细胞大小：长 60~160 μm，宽 7~15 μm。

生态特征：极常见淡水种类，分布广泛。辽宁地区常见于池塘、鱼塘、河流、湖泊及水库中。

梭形裸藻

9. 尾裸藻 (*Euglena caudata*)

分类地位：裸藻门—裸藻纲—裸藻目—裸藻科—裸藻属。

形态特征：细胞易变性，一般呈纺锤形。前端渐尖呈狭圆形，后端渐细呈尾状。表质具明显的自左向右的螺旋形线纹。具6~30个盘状色素体，各具1个带鞘的蛋白核。一部分副淀粉组成蛋白核上的鞘，一部分呈小颗粒分散在细胞质内。具明显眼点。核中位。

细胞大小：长 62~120 μm，宽 10~50 μm。

生态特征：常见淡水种类，分布广泛，喜生长于富营养型静态水体中。辽宁地区常见于池塘、鱼塘、河流、湖泊及水库中。

尾裸藻

七、绿藻门 (Chlorophyta)

绿藻门是藻类中最庞大的一个门，种类繁多，分布极广。绿藻门藻体形态纷繁多样，几乎具有其他藻类的所有体型。单细胞类型有球形、梨形、多角形、梭形等；群体类型包括胶群体型、丝状体型、膜状体型、异丝体型、管状体型。

（一）形态结构

大多数绿藻具有细胞壁，少数种类裸露无壁，或具特殊表质或在原生质表面覆盖鳞片。细胞壁为两层，内层为纤维质，外层为果胶质；表面一般平滑，有的具颗粒、孔纹、瘤、刺、毛等构造。原生质中央常具 1 个大液泡，有的种类液泡较小，有的种类具有明显的胞间连丝。

具有运动功能的绿藻细胞常有 2 条顶生、等长的鞭毛。少数种类为 4 条，极少数为 1 条、6 条或 8 条。大多数绿藻鞭毛表面光滑，鞭毛着生的基部一般具 2 个生毛体和伸缩泡。

绿藻除少数种类无色素体外，大多具 1 个或数个色素体。色素体是绿藻细胞中最显著的细胞器，或轴生于细胞中央，或周生围绕在细胞壁；其形态结构因种类不同而有差异，有时同种的不同发育阶段其形态也有不同；其形态有杯状、片状、盘状、星状、带状和网状；有些种类衰老细胞色素体常分散于整个细胞。其具有的光合作用色素包括叶绿素 a 和叶绿素 b，辅助色素有叶黄素、胡萝卜素、玉米黄素、紫黄质等；色素成分及各种色素的比例与高等植物相似。大多数种类的色素体内含有 1 个蛋白核，少数种类为多核。其光合产物主要为颗粒状淀粉，它们或聚集在蛋白核周边形成板，或分散在色素体的基质中。

大多数绿藻种类具 1 个明显的细胞核，少数为多核。细胞核具核膜，具 1 个或几个核仁；核与高等植物相似，为典型的真核细胞结构。能运动的绿藻鞭毛类细胞通常具 2 条顶生等长鞭毛，少数为 1 条、6 条或 8 条；鞭毛着生处常具 2 个伸缩泡，少数具 1 个或数个不规则地分散在原生质内。运动鞭毛细胞常具 1 个椭圆形、线形、卵形等形状的橘红色眼点，多位于细胞色素体前部或中部的侧面。

（二）繁殖方式

绿藻具有以下 3 种繁殖方式。

1. 营养繁殖

绝大多数单细胞种类以细胞分裂方式形成新个体，称为营养性细胞分裂，也称生长性细胞分裂（vegetative cell division）。它是指植物体不产生生殖细胞来完成繁殖过程的一种方式，而是通过分裂的方式形成子细胞；其细胞壁既有部分新形成的，又保留部分母细胞壁。而孢子是在母细胞内形成，或裸露无壁或细胞壁为新形成的，这一点和营养繁殖有所不同。群体类型以细胞分裂增加细胞数目来进行繁殖。每个断裂片都可以进行细胞分裂长成新个体。群体和丝状体还可以采用藻体断裂的方式进行营养繁殖。

2. 无性繁殖

是指植物体形成的生殖细胞不需结合而直接萌发成新的植物体。这种生殖细胞称为孢子，分为动孢子、静孢子、似亲孢子、休眠孢子和厚壁孢子。动孢子是绿藻最常见的一种繁殖方式，它是由母细胞的原生质体收缩或分裂成 2 个、4 个、8 个或更多的动孢子；每个动孢子无细胞壁，常具 2 条等长的鞭毛，直接萌发成新植物体。静孢子具细胞壁，无鞭毛，不能运动。似亲孢子也是一种静孢子，但其形态与母细胞完全相同。休眠孢子是运动细胞在环境不良时脱去鞭毛，收缩原生质体而产生；其细胞壁外具胶质，当环境适合时再发育成新个体。厚壁孢子是在环境不良时细胞壁增厚，细胞内积累大量营养物质和色素而形成；当环境适宜时，萌发成新个体。

3. 有性生殖

是指通过生殖细胞结合形成合子，再通过减数分裂形成新个体。绿藻的配子形态与动孢子相似，只是数目较多，个体较小；有些配子具有 4 条鞭毛。配子的结合方式有 4 种，即同配生殖、异配生殖、卵配和接合生殖。同配生殖指相结合的两个配子大小、形态、结构完全相同；异配生殖指相结合的两个配子形态结构相同，但是大小不同；卵配指相结合的两个配子大小、形态、结构都不相同，大的不能运动，称为"卵"，小的能运动，前端具 2 条鞭毛，称为"雄配子"或"精子"；接合生殖是指 2 个无鞭毛可变形的配子结合产生接合孢子。

（三）生态特征

绿藻种类繁多，分布极广，约 90% 于淡水中生活，仅约 10% 在海水中生活。管藻目的多数种类为海生，接合藻纲和鞘藻目的种类全部在淡水中生活。淡水绿藻不仅种类多，生活范围也十分广泛，除江河、湖沼、塘堰和临时积水中有分布外，土壤、墙壁、树干、树叶等阳光充足的潮湿环境也都有绿藻生存。绿藻有营自由生活的，有营固着生活的，也有营寄生生活的；可以是水生的、陆生的或亚气生的。空球藻、实球藻、盘藻、衣藻等在春秋季节常大量繁殖，形成绿色水华。

（四）利用价值

石莼等海产底栖种类具有较大经济价值，可食用也可提炼胶质；糊精可作为黏着浆料。小球藻属、扁藻属、杜氏藻属等浮游种类为海产经济动物育苗过程中的幼体提供重要饵料。淡水绿藻是淡水水体中藻类的重要组成部分，特别是绿球藻目的种类，不仅是鱼塘中浮游植物的主要组成部分，也是滤食性鱼类的主要饵料；其在鱼塘的生态环境、水体净化、水环境保护方面都具有重要的意义。

丝状绿藻俗称"青泥苔"或"青苔"；刚毛藻、水网藻、水棉等就属于这一类。它们可在水质条件不利的养殖池塘大量繁殖，造成危害。一方面它可与其他藻类争夺营养物质和生存空间；另一方面可以形成"天罗地网"，直接将鱼苗等养殖动物缠绕致其死亡。

（五）常见种类

1. 衣藻 (*Chlamydomonas* sp.)

分类地位：绿藻门—绿藻纲—团藻目—衣藻科—衣藻属。

形态特征：细胞为不纵扁的椭圆形单细胞，可以游动。细胞壁平滑，不具胶被。具 2 条等长的鞭毛，鞭毛基部具 1 个伸缩泡。具 1 个大型的杯状色素体。具 1 个大的蛋白核。

细胞大小：直径为 8~19 μm。

生态特征：常见淡水种类，喜生长于富营养型的小型静态水体中。辽宁地区常见于池塘、鱼塘、湖泊及水库沿岸带。

衣藻

2. 盘藻 (*Gonium pectorale*)

分类地位：绿藻门—绿藻纲—团藻目—团藻科—盘藻属。

形态特征：细胞卵形或椭圆形，具 2 条等长的鞭毛于细胞前端；具 2 个伸缩泡于基部。细胞具较大的杯状色素体，具 1 个大的圆形蛋白核于基部。具眼点于细胞近前端。群体大多数由 16 个细胞组成，少数由 4 个或 8 个细胞组成。细胞呈正方形排列在一个平面上构成板状结构。16 个细胞的群体，外层 12 个细胞的纵轴与群体平面平行，内部 4 个细胞纵轴与群体平面垂直。各细胞的个体胶被明显，由胶被突起相互连接，群体中央具 1 个大空腔，外层细胞和内层细胞间具许多小空腔。

个体大小：细胞长 5~14 μm，宽 5~16 μm；群体直径 28~90 μm。

繁殖方式：繁殖方式为无性生殖，群体内所有细胞都进行分裂，形成似亲群体。从群体破裂释放出单个细胞，可发育成厚壁孢子或胶群体。

生态特征：喜生长于水温较高（20~28℃），富营养型的静态水体中。辽宁地区常见于池塘、鱼塘、湖泊及水库沿岸带。

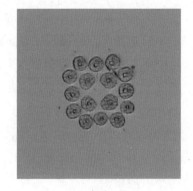

盘藻

3. 实球藻（*Pandorina morum*）

分类地位：绿藻门—绿藻纲—团藻目—团藻科—实球藻属。

形态特征：细胞前端钝圆，呈倒卵形或楔形；顶端面向群体外侧，后端渐狭；具 2 条等长的，约为体长 1 倍的鞭毛位于前端中央处；基部具 2 个伸缩泡。色素体杯状；基部具 1 个蛋白核。细胞的近前端一侧具眼点。群体由 4 个、8 个、16 个或 32 个细胞组成，呈球形或椭圆形。群体胶被缘边狭；群体细胞常无空隙地互相紧贴于群体中心，群体最中心处仅有小的空间。

个体大小：细胞直径为 7~17 μm；群体直径为 20~60 μm。

生态特征：常见淡水种类，分布广泛；喜生长于小型静态水体中。辽宁地区常见于池塘、鱼塘、河流滞水区、湖泊及水库沿岸带。

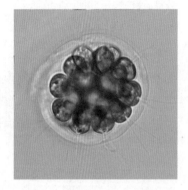

实球藻

4. 空球藻（*Eudorina elegans*）

分类地位：绿藻门—绿藻纲—团藻目—团藻科—空球藻属。

形态特征：细胞球形，前端面向群体外侧；具 2 条等长鞭毛于细胞中央；具 2 个伸缩泡于细胞基部。具大的杯状色素体，具多个蛋白核。细胞近前端一侧具眼点。群体通常由 32 个细胞组成，有时也出现由 16 个或 64 个细胞组成的群体。群体呈球形或卵形，外层具胶被。群体内细胞分布在群体胶被外周边而不相连，群体胶被表面平滑。

个体大小：细胞直径为 10~24 μm；群体直径为 50~200 μm。

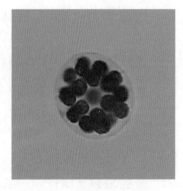

空球藻

繁殖方式：繁殖方式有 2 种：无性生殖和有性生殖。无性生殖为群体细胞分裂产生似亲群体。有性生殖为异配生殖，雄配子纺锤形，具 2 条鞭毛，雌配子球形，具 2 条鞭毛，雄配子与雌配子相结合形成合子。

生态特征：喜生长于水温较高（20~28℃）、营养丰富的静态水体中。可做趋光运动，中午多集中于水体表层，午后则开始向深层移动。辽宁地区常见于池塘、鱼塘、河流滞水区、湖泊及水库沿岸带。

5. 球团藻（*Volvox globator*）

分类地位： 绿藻门—绿藻纲—团藻目—团藻科—团藻属。

形态特征： 细胞卵形或梨形；具 2 条鞭毛于细胞前端中央处；具 2~6 个伸缩泡于细胞基部；具 1 个片状周生的色素体；具 1 个蛋白核和眼点。群体呈球形，多数由 1 000 个细胞组成，少数由 1 500~2 000 个细胞组成。细胞间相互分离并由粗的原生质连丝相连接，分布于群体胶被周边。各细胞的胶被界限明显，成熟时呈多角形或星形。

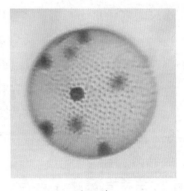

球团藻

个体大小： 细胞直径为 3~5 μm；群体直径为 380~817 μm。

繁殖方式： 繁殖方式有 2 种：无性生殖和有性生殖。无性生殖为群体较成熟时，一端的部分细胞形成繁殖胞；体积急剧增大，失去眼点和鞭毛；色素体内具数个蛋白核；每个繁殖胞经分裂形成很多细胞；这些细胞将有鞭毛的一端面向繁殖胞内层，称为皿状体；经过翻转，发育成群体，破裂后子被放出。有性生殖为卵式生殖；群体中大多数细胞或全部细胞经分裂形成皿状体；再经翻转形成盘状或球状的精子囊，每个精子囊中有许多具 2 条鞭毛的精子；群体中少数细胞形成卵细胞；精子与卵子相结合形成壁平滑或具花纹的合子。

生态特征： 喜生长于水温较高（20~28℃）、营养丰富的静态水体中；可做趋光运动，中午多集中于水体表层，午后则开始向深层移动。辽宁地区常见于池塘、鱼塘、河流滞水区、湖泊及水库沿岸带。

6. 拟菱形弓形藻（*Schroederia nitzschioides*）

分类地位： 绿藻门—绿藻纲—绿球藻目—小桩藻科—弓形藻属。

形态特征： 细胞呈纺锤形，两端具长刺，两刺的顶端常向相反方向弯曲。具 1 个片状色素体。

细胞大小： 长（包括刺）可达 126 μm，刺长约 20 μm；宽 3.6~4 μm。

繁殖方式： 为无性生殖，由细胞横向分裂产生动孢子。

生态特征： 常见淡水真性浮游种类；喜生长于小型静态水体中。辽宁地区常见于池塘、鱼塘、河流滞水区、湖泊及水库沿岸带。

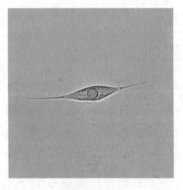

拟菱形弓形藻

7. 螺旋弓形藻（*Schroederia spiralis*）

分类地位： 绿藻门—绿藻纲—绿球藻目—小桩藻科—弓形藻属。

形态特征： 单细胞呈弧曲形，或呈螺旋形弯曲；两端渐尖延伸成细长的刺。具 1 个充满整个细胞的色素体。常具 1 个蛋白核。

细胞大小： 长（包括刺）30~56 μm，刺长 9~16 μm；宽 3~5 μm。

生态特征： 淡水普生性浮游种类，喜生长于小型静态水体中。

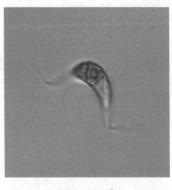

螺旋弓形藻

辽宁地区常见于池塘、鱼塘、河流滞水区、湖泊及水库沿岸带。

8. 硬弓形藻（*Schroederia robusta*）

分类地位：绿藻门—绿藻纲—绿球藻目—小桩藻科—弓形藻属。

形态特征：单细胞呈弓形或新月形，两端渐尖并常向一侧弯曲，罕见仅一端弯曲的。具1个片状色素体。具1~4个蛋白核。

细胞大小：长（包括刺）50~140 μm，刺长20~30 μm；宽6~9 μm。

生态特征：喜生长于小型静态水体中。辽宁地区常见于池塘、鱼塘、河流滞水区、湖泊及水库沿岸带。

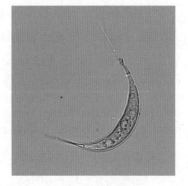

硬弓形藻

9. 微小四角藻（*Tetraëdron minimum*）

分类地位：绿藻门—绿藻纲—绿球藻目—小球藻科—四角藻属。

形态特征：单细胞小且扁平，正面观四方形；角顶圆形无棘状突起，侧缘凹入；表面平滑或具颗粒。具单个片状色素体。具1个蛋白核。

细胞大小：长5~15 μm，宽6~20 μm。

生态特征：常见淡水种类，喜生长于小型静态水体中。辽宁地区常见于池塘、鱼塘、河流滞水区、湖泊及水库沿岸带。

微小四角藻

10. 月牙藻（*Selenastrum bibraianum*）

分类地位：绿藻门—绿藻纲—绿球藻目—小球藻科—月牙藻属。

形态特征：细胞呈新月形或镰形，两端向同一方向弯曲，中间大部分狭长等宽，两端逐渐狭窄呈尖状。具1个几乎充满整个细胞的片状色素体。具1个蛋白核。群体常由4个、8个、16个或更多个细胞聚集而成。

细胞大小：长20~38 μm，宽5~8 μm；两顶端直线相距5~25 μm。

繁殖方式：产生似亲孢子营无性生殖。

生态特征：喜生长于有机质丰富的小型静态水体中。辽宁地区常见于池塘、鱼塘、河流滞水区、湖泊及水库沿岸带。

月牙藻

11. 小形月牙藻（*Selenastrum minutum*）

分类地位：绿藻门—绿藻纲—绿球藻目—小球藻科—月牙藻属。

形态特征：单细胞呈新月形，两端钝圆，具1个色素体和1个蛋白核。常为单细胞，有时少数细胞不规则排列成群。

细胞大小：宽2~3 μm，两顶端直线相距7~9 μm。

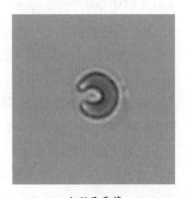

小形月牙藻

生态特征：喜生长于有机质丰富的小型静态水体中。辽宁地区常见于池塘、鱼塘、河流滞水区、湖泊及水库沿岸带。

12. 四刺顶棘藻（*Chodatella quadriseta*）

分类地位：绿藻门—绿藻纲—绿球藻目—小球藻科—顶棘藻属。

形态特征：细胞呈卵圆形或柱状长圆形，两端侧各具2条斜向伸出的长刺。具2个片状周生色素体。无蛋白核。

细胞大小：长6~10 μm，宽4~6 μm。

生态特征：常见淡水种类，喜生长于有机质丰富的小型静态水体中。辽宁地区常见于池塘、鱼塘、河流滞水区、湖泊及水库沿岸带。

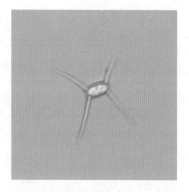

四刺顶棘藻

13. 螺旋形纤维藻（*Ankistrodesmus spiralis*）

分类地位：绿藻门—绿藻纲—绿球藻目—卵囊藻科—纤维藻属。

形态特征：细胞呈狭长线形，两端渐尖，末端尖锐。常由4个或8个或更多个细胞彼此在其中部卷绕成束，两端游离。

细胞大小：长20~60 μm，宽1~2.5 μm。

生态特征：常见淡水种类，喜生长于营养盐丰富的小型静态水体中。辽宁地区常见于水坑、池塘、鱼塘、河流滞水区、湖泊及水库中。

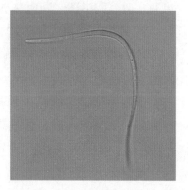

螺旋形纤维藻

14. 镰形纤维藻（*Ankistrodesmus falcatus*）

分类地位：绿藻门—绿藻纲—绿球藻目—卵囊藻科—纤维藻属。

形态特征：单细胞呈长线形，有时略弯曲呈弓形或镰形，中部至两端逐渐尖细，末端尖锐。具1个片状色素体。具1个蛋白核。常由4个、8个、16个或更多个细胞在中部贴靠聚合成群。

细胞大小：长20~80 μm，宽1.5~4 μm。

生态特征：常见淡水种类，喜生长于营养盐丰富的小型静态水体中；常见于水坑、池塘、鱼塘、河流滞水区、湖泊及水库中。

镰形纤维藻

15. 针形纤维藻（*Ankistrodesmus acicularis*）

分类地位：绿藻门—绿藻纲—绿球藻目—卵囊藻科—纤维藻属。

形态特征：单细胞呈针形，直或微弯；中部至两端逐渐尖细，末端尖锐。具1个充满整个细胞的色素体。

细胞大小：长40~80 μm，宽2.5~3.5 μm。

生态特征：常见淡水种类，喜生长于营养盐丰富的小型静态水体中；常见于水坑、池塘、鱼塘、河流滞水区、湖泊及水库中。

针形纤维藻

16. 湖生卵囊藻（*Oocystis lacustis*）

分类地位：绿藻门—绿藻纲—绿球藻目—卵囊藻科—卵囊藻属。

形态特征：细胞呈椭圆形或宽纺锤形，两端微尖并具短圆锥状增厚部。具1~3个边缘不规则的片状色素体。常各具1个蛋白核。很少出现单细胞，常为2个、4个、8个细胞的群体包被在胶化膨大的母细胞壁。

细胞大小：长14~32 μm，宽8~22 μm。

生态特征：常见淡水种类，喜生长于营养盐丰富的小型静态水体中。辽宁地区常见于池塘、鱼塘、河流滞水区、湖泊及水库沿岸带。

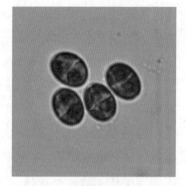

湖生卵囊藻

17. 并联藻（*Quadrigula chodatii*）

分类地位：绿藻门—绿藻纲—绿球藻目—卵囊藻科—并联藻属。

形态特征：细胞呈长纺锤形到近月形或弧曲形，两端尖细，有时略尖。片状色素体周生，在细胞中部具凹入。具2个蛋白核。群体为宽纺锤形，由4个、8个或更多个细胞聚集在透明胶被内。

细胞大小：长30~80 μm，宽3.5~7 μm。

生态特征：喜生长于小型静态水体中；常见于池塘、鱼塘、河流滞水区、湖泊及水库沿岸带。

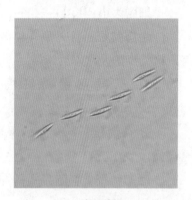

并联藻

18. 集星藻（*Actinastrum hantzschii*）

分类地位：绿藻门—绿藻纲—绿球藻目—群星藻科—集星藻属。

形态特征：细胞呈纺锤形或圆柱形，两端略狭窄。具1个长片状周生色素体。具1个蛋白核。群体由4个、8个或16个细胞一端彼此连接而成。

细胞大小：长12~22 μm，宽3~5.6 μm。

生态特征：常见淡水种类，喜生长于营养盐丰富的小型静态水体中。辽宁地区常见于池塘、鱼塘、河流滞水区、湖泊及水库沿岸带。

集星藻

19. 单角盘星藻具孔变种（*Pediastrum simplex* var. *duodenarium*）

分类地位：绿藻门—绿藻纲—绿球藻目—水网藻科—盘星藻属。

形态特征：具穿孔的真性定形群体，由16个、32个或64个细胞组成。细胞壁常具颗粒。群体内细胞三角形。

细胞大小：长27~28 μm，宽11~15 μm。

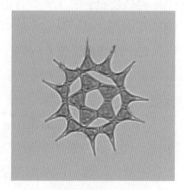

单角盘星藻具孔变种

生态特征：常见真性浮游种类；常见于池塘、鱼塘、河流滞水区、湖泊及水库沿岸带。

20. 二角盘星藻（*Pediastrum duplex*）

分类地位：绿藻门—绿藻纲—绿球藻目—水网藻科—盘星藻属。

形态特征：群体通常由8个、16个、32个、64个或128个细胞组成，细胞间具小的透镜状穿孔。内层细胞大多近似四方形，细胞侧壁中部彼此不连接。外层细胞外侧具2个短的圆锥形钝顶凸起，细胞壁平滑。

细胞大小：长11~21 μm，宽8~21 μm。

生态特征：常见真性浮游种类；常见于池塘、鱼塘、河流滞水区、湖泊及水库沿岸带。

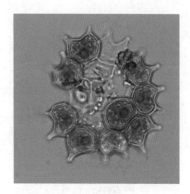

二角盘星藻

21. 二角盘星藻纤细变种（*Pediastrum duplex* var. *gracillimum*）

分类地位：绿藻门—绿藻纲—绿球藻目—水网藻科—盘星藻属。

形态特征：细胞具大的穿孔，细胞窄长。外层细胞凸起的宽度相等；内层细胞形态与外层细胞相似。

细胞大小：长12~32 μm，宽10~22 μm。

生态特征：常见真性浮游种类；常见于池塘、鱼塘、河流滞水区、湖泊及水库沿岸带。

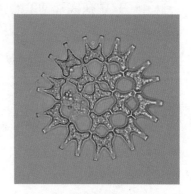

二角盘星藻纤细变种

22. 四角盘星藻四齿变种（*Pediastrum tetras* var. *tetraodon*）

分类地位：绿藻门—绿藻纲—绿球藻目—水网藻科—盘星藻属。

形态特征：群体由4个或8个细胞组成。外层细胞的外壁具深缺刻，缺刻分成的2个裂片的外壁延伸成2个尖的角状凸起。

细胞大小：长16~18 μm，宽12~15 μm。

生态特征：常见真性浮游种类。辽宁地区常见于池塘、鱼塘、河流滞水带、湖泊及水库沿岸带。

四角盘星藻四齿变种

23. 短棘盘星藻（*Pediastrum boryanum*）

分类地位：绿藻门—绿藻纲—绿球藻目—水网藻科—盘星藻属。

形态特征：群体通常由4个、8个、16个、32个或64个细胞组成，无穿孔。群体细胞为五边形或六边形。外层细胞外侧壁具2个钝角状凸起，以细胞侧壁和基部与相邻细胞连接。细胞壁具颗粒。

短棘盘星藻

细胞大小：长 15~21 μm，宽 10~14 μm。

生态特征：常见真性浮游种类。辽宁地区常见于池塘、鱼塘、河流滞水带、湖泊及水库沿岸带。

24. 四尾栅藻（*Scenedesmus quadricauda*）

分类地位：绿藻门—绿藻纲—绿球藻目—栅藻科—栅藻属。

形态特征：细胞呈长圆形、圆柱形、卵形等，上下端广圆；群体外侧细胞上下端各具一向外斜向、直或略弯曲的刺；细胞壁平滑。群体扁平，通常由 2 个、4 个、8 个或 16 个细胞组成，4 个细胞较为多见。群体细胞在一个半面上排成一列。

细胞大小：长 8~16 μm，宽 3.5~6 μm。

生态特征：极常见淡水种类，广泛分布于各类型淡水水体中，喜生活于营养盐较丰富的静水水体中。辽宁地区常见于池塘、鱼塘、河流滞水带、湖泊及水库沿岸带；尤以鱼池中最为常见。

四尾栅藻

25. 二形栅藻（*Scenedesmus dimorphus*）

分类地位：绿藻门—绿藻纲—绿球藻目—栅藻科—栅藻属。

形态特征：定形群体扁平，由 2 个、4 个或 8 个细胞组成，一般常见的为 4 个细胞的群体。群体细胞并列或交错排列于一个平面上。中间部分的细胞纺锤形，上下两端渐尖，直立；两侧细胞常呈镰形或新月形而极少垂直，上下两端亦渐尖，细胞壁平滑。

个体大小：细胞长 16~23 μm，宽 3~5 μm；4 个细胞的群体宽为 11~20 μm。

繁殖方式：以似亲孢子方式繁殖。

生态特征：为淡水水体中极为常见的浮游种类。辽宁地区常见于肥沃的池塘、鱼塘、河流滞水带、湖泊及水库沿岸带；尤以鱼池中最为常见，并且数量很大。

二形栅藻

26. 奥波莱栅藻（*Scenedesmus opoliensis*）

分类地位：绿藻门—绿藻纲—绿球藻目—栅藻科—栅藻属。

形态特征：细胞呈长椭圆形。定形群体由 2 个、4 个、8 个细胞排成一列而成，通常由 4 个细胞组成。群体扁平，外侧细胞的上下两极处各具 1 条长且向外弯曲的刺。中间细胞上下两极常具 1 个或 2 个短刺。

个体大小：细胞长 8~16 μm，宽 3~6 μm；4 个细胞的群体宽为 12~24 μm。

繁殖方式：以似亲孢子方式繁殖。

生态特征：为淡水水体中极为常见的浮游藻类。辽宁地区常见于池塘、鱼塘、河流滞水带、湖泊及水库沿岸带；常形成优势种群，尤以鱼池中最为常见。

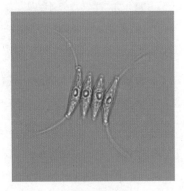

奥波莱栅藻

27. 齿牙栅藻（*Scenedesmus denticulatus*）

分类地位：绿藻门—绿藻纲—绿球藻目—栅藻科—栅藻属。

形态特征：细胞呈卵形或椭圆形，每个细胞的上下两端或一端上具 1~2 个齿状凸起。定形群体扁平，由 4 个或 8 个细胞交错排列在一个平面上。

个体大小：细胞长 9.6~16 μm，宽 7~8 μm；4 个细胞的群体宽为 20~28 μm。

繁殖方式：以似亲孢子繁殖。

生态特征：常见淡水种类，分布极广，喜生长于各种静止的水体中。辽宁地区常见于池塘、鱼塘、河流滞水带、湖泊及水库沿岸带。

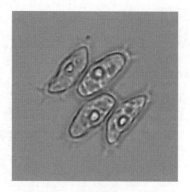

齿牙栅藻

28. 弯曲栅藻（*Scenedesmus arcuatus*）

分类地位：绿藻门—绿藻纲—绿球藻目—栅藻科—栅藻属。

形态特征：细胞呈卵形或长圆形，细胞壁平滑。定形群体弯曲，由 4 个、8 个或 16 个细胞组成，以 8 个细胞组成的群体最为常见。群体细胞通常排成上下 2 列，有时略有重叠；上下 2 列细胞系交互排列。

个体大小：细胞长 9~17 μm，宽 4~9.4 μm；8 个细胞的群体宽为 14~25 μm，高达 18~40 μm。

繁殖方式：以似亲孢子繁殖。

生态特征：常见淡水种类，喜生长于各种小型水体中。辽宁地区常见于池塘、鱼塘、河流滞水带、湖泊及水库沿岸带。

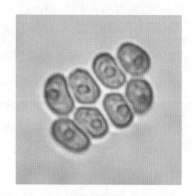

弯曲栅藻

29. 双对栅藻（*Scenedesmus bijuga*）

分类地位：绿藻门—绿藻纲—绿球藻目—栅藻科—栅藻属。

形态特征：细胞呈卵形或长椭圆形，两端宽圆。细胞壁平滑。定形群体扁平，由 2 个、4 个或 8 个细胞组成；各细胞排成一直线，偶尔亦有呈交叉排列。

个体大小：细胞长 28~45 μm，宽 7~18 μm；4 个细胞的群体宽 16~25 μm。

繁殖方式：以似亲孢子繁殖。

生态特征：常见淡水种类，分布极广，喜生长于各种小型静水水体中。辽宁地区常见于池塘、鱼塘、河流滞水带、湖泊及水库沿岸带。

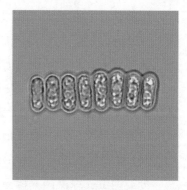

双对栅藻

30. 韦氏藻（*Westella botryoides*）

分类地位：绿藻门—绿藻纲—绿球藻目—栅藻科—韦氏藻属。

形态特征：细胞呈球形或近球形。具杯状周生色素体周生。具 1 个蛋白核。群体由 4 个细胞呈正方形排列在一个平面上，相

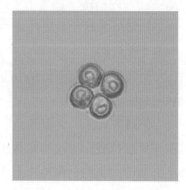

韦氏藻

邻细胞以其壁紧密连接。有时具胶被。

细胞大小：直径为 3~9 μm。

繁殖方式：以似亲孢子营无性生殖。母细胞的原生质体分裂为 4 个或 8 个似亲孢子。产生 8 个似亲孢子时形成两个 4 个细胞的定形群体。

生态特征：适合生长于水温较高、营养盐较丰富的静态水体中。辽宁地区常见于池塘、河流滞留带、浅水型湖泊及水库沿岸带。

31. 短棘四星藻（*Tetrastrum staurogeniaeforme*）

分类地位：绿藻门—绿藻纲—绿球藻目—栅藻科—四星藻属。

形态特征：细胞近方形或宽三角锥形，外侧凸出，具 4~6 条短刺毛。细胞具 1~4 个圆盘状周生色素体，有时具蛋白核。定形群体的 4 个细胞呈十字形排列，群体中心细胞间隙很小。

细胞大小：长 3~6 μm，宽 3~6 μm。

生态特征：常见淡水种类，分布广，喜生长于各种小型静水水体中。辽宁地区常见于池塘、鱼塘、河流滞水带、湖泊及水库沿岸带。

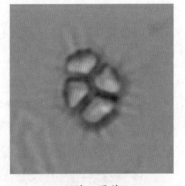

短棘四星藻

32. 四足十字藻（*Crucigenia tetrapedia*）

分类地位：绿藻门—绿藻纲—绿球藻目—栅藻科—十字藻属。

形态特征：细胞呈三角形，细胞壁外侧游离面平直。具片状周生色素体。具 1 个蛋白核。定形群体由 4 个三角形细胞组成 1 个四方形，角钝圆。常由 16 个细胞组成复合定形群体。

细胞大小：长 3.5~9 μm，宽 5~12 μm。

生态特征：极常见淡水普生性种类，喜生长于各种小型静水水体中。辽宁地区常见于池塘、鱼塘、河流滞水带、湖泊及水库沿岸带；常于富营养型池塘中形成水华。

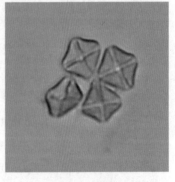

四足十字藻

33. 四角十字藻（*Crucigenia quadrata*）

分类地位：绿藻门—绿藻纲—绿球藻目—栅藻科—十字藻属。

形态特征：细胞呈三角形，细胞壁外侧游离面显著凸出。细胞壁有时具结状突起。具圆盘状多数周生色素体。有或无蛋白核。定形群体细胞以其平直的两侧壁连接成圆形板状。群体中心的细胞间隙很小。

细胞大小：长 2~6 μm，宽 1.7~6 μm。

生态特征：极常见淡水种类，喜生长于各种小型静水水体中。辽宁地区常见于池塘、鱼塘、河流滞水带、湖泊及水库沿岸带；常于富营养型池塘中形成水华。

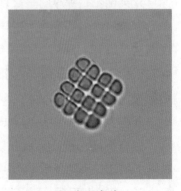

四角十字藻

34. 小空星藻（*Coelastrum microporum*）

分类地位：绿藻门—绿藻纲—绿球藻目—空星藻科—空星藻属。

形态特征：群体细胞为球形或卵形，具一层薄的胶鞘。定形群体由 8 个、16 个、32 个或 64

个细胞以胶质突起相互连接而成。

细胞大小：个体直径（不包括胶鞘）8~13 μm，直径（包括胶鞘）10~18 μm。

生态特征：常见浮游种类，喜生长于各种小型静水水体中。辽宁地区常见于池塘、鱼塘、河流滞水带、湖泊及水库沿岸带。

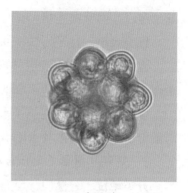

小空星藻

35. 转板藻（*Mougeotia* sp.）

分类地位：绿藻门—接合藻纲—双星藻目—双星藻科—转板藻属。

形态特征：群体呈不分枝丝状体。细胞为圆柱形，每个细胞具 1 个轴生板状色素体。

细胞大小：长 38~220 μm，宽 3~5 μm。

生态特征：常见淡水种类，分布很广，喜生长于小型静水水体中；生殖期较长。辽宁地区常见于池塘、稻田、水坑、湖泊及水库中；曾在水丰水库中大量出现。

转板藻

36. 锐新月藻（*Closterium acerosum*）

分类地位：绿藻门—接合藻纲—鼓藻目—鼓藻科—新月藻属。

形态特征：细胞大，呈狭纺锤形，长为宽的 8~16 倍；背缘略弯曲，腹缘近平直，向顶部逐渐狭窄；顶部略向背缘反曲，顶端平直圆形，常略增厚。细胞壁平滑、无色，较成熟的细胞呈淡黄褐色，并具略可见的线纹。每个半细胞具 1 个脊状色素体。中轴具 7~11 个纵向排列的蛋白核。末端液泡具一些运动颗粒。

细胞大小：长 300~548 μm，宽 26~53 μm。

生态特征：常见淡水种类，喜生长于贫营养至略有有机质污染的水体；生长 pH 值为 6~9，生长温度为 10~30℃。

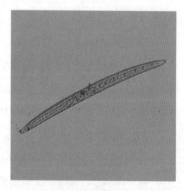

锐新月藻

37. 纤细新月藻（*Closterium gracile*）

分类地位：绿藻门—接合藻纲—鼓藻目—鼓藻科—新月藻属。

形态特征：细胞呈细线形，细胞大部分两侧缘近平直，两端逐渐狭窄并以弓形弧度向腹缘弯曲。细胞壁平滑。具中间环。具 4~7 个蛋白核纵向排列于色素体中轴上。末端液泡具 1 个至数个运动颗粒。

细胞大小：长 211~784 μm，宽 6.5~18 μm。

生态特征：常见淡水种类，分布广泛。辽宁地区常见于池塘、鱼塘、河流、湖泊及水库中。

38. 针状新月藻近直变种（*Closterium acicular* var. *subprorum*）

分类地位：绿藻门—接合藻纲—鼓藻目—鼓藻科—新月藻属。

纤细新月藻

形态特征：细胞呈长针形，中部略膨大，逐渐向两顶端狭窄，延伸呈细针形；顶部向腹缘略弯曲。每半个细胞具 1 个近波状色素体。具 3~4 个蛋白核纵向排列于色素体上。

细胞大小：长 300~500 μm，宽 4~7 μm。

生态特征：喜生长于水温较低、中营养型水体中。曾在水丰水库中大量出现。

39. 纤细角星鼓藻（*Staurastrum gracile*）

分类地位：绿藻门—接合藻纲—鼓藻目—鼓藻科—角星鼓藻属。

形态特征：细胞小或中等大小，形状变化很大，长为宽的 2~3 倍（不包括突起），缢缝浅，顶端尖，向外张开呈锐角。半细胞正面观近杯形，顶缘宽，略凸出，侧缘近平直或略斜向上，顶角水平向或斜向上延长形成长而细的突起，具数轮小齿，缘边为波形，末端具 3~4 个刺。垂直面观三角形，少数四角形，侧缘平直，少数略凹入，缘内具 1 列小颗粒，有时成对。

细胞大小：长 27~60 μm，宽（包括突起）40~110 μm。

生态特征：辽宁地区常见于池塘、湖泊、水库及河流等各种水体中。营浮游生活，在水丰水库中极为常见。

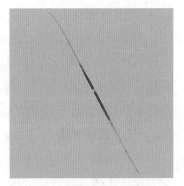

针状新月藻近直变种

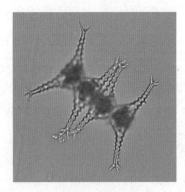

纤细角星鼓藻

第二节　水丰水库常见浮游动物种类

一、原生动物（Protozoa）

原生动物为单细胞或由其形成简单群体的一大类低等动物。虽然仅由一个细胞组成，但是它们每一个细胞都是独立的有机体，都具有多细胞动物所具有的所有特征。它具有伪足、鞭毛、纤毛、吸管、胞口、胞肛和伸缩泡等各种特化的细胞器（organelles）来完成运动、摄食、感应、生殖等生理活动。

（一）形态特征

原生动物大多数种类细胞质表面具凝集成较结实而有弹性的细胞膜，使身体保持一定形状，称为表膜（pellicle）。有的种类体表形成形状各异、表面坚固的外壳。细胞质分为外层较透明、均匀无内含物的外质（ectoplasma）和内层不透明含有内含物的内质（endoplasma）两部分。大多数种类具 1 个、2 个或多个细胞核。少数种类同时具有两种细胞核，一种是含染色体较多、分布均匀的大核；另一种是含内含物较少、分布不均匀的小核。大核可能与营养机能有关，小核与生殖活动有关。

原生动物运动主要靠水流的移动，但本身也可以依靠各种运动胞器来运动。肉足纲种类以伪足作为运动器官，伪足分为叶状伪足、丝状伪足、根状伪足（或称网状伪足）、轴状伪足。前三种伪足为临时性伪足，内无轴丝，可以收缩消失；后一种为半永久性伪足，内具 1 条坚硬不易弯曲的轴丝。纤毛纲种类都以纤毛为运动器官。纤毛较短，数目较多，基部具一基粒，与鞭毛类似。

（二）营养方式

肉足虫和纤毛虫都以细菌、藻类及其他原生动物或腐屑为食。它们摄取食物的方式有两种：一种是直接摄取固体有机物为食，被称为全动营养；另一种是通过质膜或表膜吸收周围的溶解营养盐和简单有机质，然后通过自身的功能再合成原生质，被称为腐生营养。所有原生动物都具有腐生营养的功能，很多肉足虫和纤毛虫具有以上两种营养方式，被称为混合营养。

（三）繁殖方式

原生动物在适宜的环境中繁殖得非常快，生殖方式也是多种多样，分为无性生殖和有性生殖。无性生殖又分为二分裂、出芽、质裂和复分裂。二分裂指细胞核先分裂成2个相等的部分，然后2个新核细胞质内缩，分裂为2个新个体。二分裂是原生动物最普遍的生殖方式，该方式生殖速度快，种群可以迅速扩大。出芽有两种：一种为从母体外长出芽体叫外殖芽；另一种在母体内形成芽体叫内殖芽。这种生殖方式仅限于吸管虫。质裂也叫原生质分裂生殖，是有些多核原生动物的生殖方式，分裂时不需要先行核分裂，各核间的细胞质直接分裂成多个新个体。复分裂仅为孢子虫纲特有的生殖方式。有性生殖没有在肉足虫类中发现，纤毛虫类的接合生殖为有性生殖，是常在不适宜的环境下发生的生殖方式。

（四）生态特征

原生动物种类多，数量大，分布广。它们以存在广泛且十分丰富的单细胞藻类、细菌、有机碎屑及其他种类的原生动物为食，这对其生存繁衍十分有利。原生动物的适应性也很强，当遇到不良环境时会形成孢囊，当环境适宜时会破囊而出继续生活。由于原生动物对环境因子的适应性有明显差异，因此不同水环境会出现不同的种类。专性浮游性种类多出现在敞水区；兼性种类出现在浅水区或具植被的沿岸带；耐污性种类多分布于有机质丰富的水体；清洁性种类喜栖息于溶解氧丰富、有机质含量较低的清洁水体中。

（五）利用价值

原生动物在生产生活中的应用非常广泛，对人类的帮助很大。原生动物可用于活性泥法进行污水处理。原生动物特别是纤毛虫在污水生物处理中是必不可少的。纤毛虫能够分泌一些物质使悬浮物和细菌凝为絮状物，进而提高出水质量。原生动物还以在自然水体的有机污染中作为指示生物，且应用到水质分类的污水生物系统中。原生动物还是鱼、虾和贝类的直接或间接的天然饵料。一些纤毛虫类，如草履虫产量很大，营养丰富，有望成为水产经济动物苗种的开口饵料。但是养殖水体出现大量原声动物是水体不良的标志，它们会取食藻类，造成水体缺氧，应该提高警惕。

（六）常见种类

1. 瓶累枝虫（*Epistylis urceolata*）

分类地位：原生动物门—纤毛纲—缘毛目—累枝科—累枝虫属。

形态特征：虫体较大呈瓶状，形状不十分固定，体呈淡灰或淡绿色。前端具增厚膨大的口围，口围盘具纤毛，也显著增厚隆起于口围边缘。两层纤毛围绕于口围盘。柄基部呈双叉型分枝，从二级开始呈不规则分枝。群体大小不一，分枝上有时会出现体

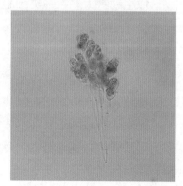

瓶累枝虫

形较小的"雄体"。

个体大小：本体长 90~190 μm，宽 48~90 μm；柄总长 200~3 040 μm。

生态特征：常见种类，常着生于软体动物的贝壳上，广泛分布于静水、流水及沼泽等各类型水体。主要以细菌为食，有时也兼食单细胞藻类。辽宁地区常见于水坑、鱼塘、河流、湖泊及水库中。常见于水丰水库养殖网箱上。

2. 旋回侠盗虫（*Strobilidium gyrans*）

分类地位：原生动物门—纤毛纲—缘毛目—侠盗科—侠盗虫属。

形态特征：虫体呈倒锥状，似萝卜；体长约为体宽的 1.5 倍。体表具螺旋纹。身体前端具 1 个马蹄状大核；后端约 1/3 处具 1 个伸缩泡。

个体大小：体长为 36~48 μm。

生态特征：常见种类，喜生长于有机质丰富的静态水体中。辽宁地区常见于水坑、鱼塘、湖泊及水库沿岸带。

旋回侠盗虫

3. 瘤棘砂壳虫（*Difflugia trberspinifera*）

分类地位：原生动物门—根足纲—表壳目—砂壳科—砂壳虫属。

形态特征：壳体近球体，表面不光滑，覆盖着各类形状的细砂粒和小石片，也常黏附硅藻壳。口面观壳呈圆形，四周均匀着生 3~8 个瘤状突起，尤以 5~6 个最为常见。顶部正中间具圆形壳口，口缘具 1 圈小石粒，壳口边缘具 7~10 个伸向内侧的齿状突起。壳口侧面观具 1 短颈，壳赤道偏上处具壳刺。

个体大小：壳（不包括突起）直径 22~34 μm。

生态特征：常见种类，喜栖息于有机质含量较低具一定流速的水体中。辽宁地区常见于湖泊及水库中，常于水丰水库中形成数量较大的优势种。

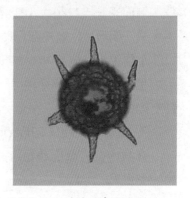

瘤棘砂壳虫

4. 琵琶砂壳虫（*Difflugia biwae*）

分类地位：原生动物门—根足纲—表壳目—砂壳科—砂壳虫属。

形态特征：壳呈花瓶状，褐色较厚；顶部具一喇叭状开口，无色指状伪足可由此处伸出；颈部明显收缢；底部具一细杆状突起。

个体大小：壳长（不包括突起）115~128 μm，壳宽 59~70 μm；突起长 45 μm。

生态特征：常见种类，喜栖息于水质清澈的寡污带。辽宁地区常见于湖泊及水库中。

琵琶砂壳虫

5. 中华拟铃壳虫（*Tintionnopsis sinensis*）

分类地位： 原生动物门—纤毛纲—砂纤目—铃壳纤毛虫科—拟铃壳虫属。

形态特征： 虫体呈长杯状。壳体长大，由筒状的颈部和较大的体部组成，长约为口径的 2.16 倍。颈部具有几道环纹，近口缘处较清晰。壳体外表面砂粒细密，往往有细的螺纹。末端浑圆略尖，最大横径为口径的 1.18 倍。

个体大小： 壳长 75~88 μm，壳宽 30~38 μm。

生态特征： 常见种类，喜栖息于有机质较丰富、具一定流速的水体中。辽宁地区常见于河流下游、湖泊及水库敞水带；为水丰水库中常见种类。

中华拟铃壳虫

6. 恩茨拟铃壳虫（*Tintionnopsis entzii*）

分类地位： 原生动物门—纤毛纲—砂纤目—铃壳纤毛虫科—拟铃壳虫属。

形态特征： 壳粗壮，呈罇形，末端浑圆稍尖。壳壁附着粗颗粒。侧面观长与口径大小变异较大，长约为口径的 1.16 倍。口缘不规则。领项短，微外翻，具 1~2 个环纹。颈宽与壳体同宽。

个体大小： 体长 38.5~47 μm，口径 36.5~44 μm。

生态特征： 极常见种类，喜栖息于有机质丰富、具一定流速的水体中。为水丰水库中常见种类，但数量较少。

恩茨拟铃壳虫

7. 长筒拟铃壳虫（*Tintionnopsis longus*）

分类地位： 原生动物门—纤毛纲—砂纤目—铃壳纤毛虫科—拟铃壳虫属。

形态特征： 壳长呈试管状，长为口径的 4 倍左右。颈部没有环纹，其直径与体部几乎相等。底部半圆形。壳壁薄且均匀。壳上附着大小不一的砂粒。

个体大小： 体长 120~162 μm，口径 30~35 μm。

生态特征： 常见种类，喜栖息于有机质较丰富、具一定流速的水体中。辽宁地区常见于河流下游、湖泊及水库敞水带。

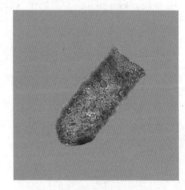

长筒拟铃壳虫

8. 淡水薄铃虫（*Leprotintinnus fluviatile*）

分类地位： 原生动物门—纤毛纲—砂纤目—管壳虫科—薄铃虫属。

形态特征： 壳体呈长管状，口端较粗大，后端略狭小并开口。壳长约为壳宽的 7 倍。壳壁柔软，前端较厚。壳表面无螺纹，其上黏附有较粗砂粒。颈部无环纹。

个体大小： 壳长 103~163 μm，口径 25~27 μm。

生态特征： 常见种类，喜栖息于水体较清洁、具一定流速的

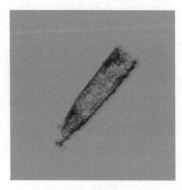

淡水薄铃虫

水体中。辽宁地区常见于湖泊及水库敞水带。

二、轮虫类（Rotifera）

轮虫是轮形动物门的一类小型多细胞动物，一般体长100~300 μm。它们的特征为身体前端具着生纤毛环的头冠和具咽部肌肉膨大而成的咀嚼囊。轮虫分布广泛，池塘、江河、湖泊及各类咸、淡水中均有出现。轮虫因其繁殖速度快、生产量高，在渔业生产上具有重要的作用。同时，轮虫也是指示生物，在环境监测和生态毒理研究中具有一定价值。

（一）形态特征

轮虫大部分种类躯体分为头、躯干和足三部分。头具有运动、摄食和感觉的功能，除少数种类大部分头部具头冠。头冠分为围口区、围顶带和盘顶区三部分，其形态因种类不同而有差异，一般有以下几种：旋轮虫型、水轮虫型、精囊轮虫型、巨腕轮虫型、聚花轮虫型和胶鞘轮虫型。轮虫吻端或头冠两侧具1~2个红色眼点。头冠腹面中央具口。

躯干部外具一层角质膜，很多种类特化成坚硬的被甲，其上常有棘刺，内包所有内部器官。有的种类不具被甲而具有许多能动的附肢，有的种类具背触手或侧触手。角质膜或被甲还具有保护功能，当轮虫受到刺激时，头和足可缩入其中。

大部分种类具有足，位于躯干部后方，上面具节状褶皱。足末端一般具2个趾，少数具1个、3个、4个或无趾。趾可依靠足内足腺分泌的黏液粘附在其他物体上。

（二）繁殖方式

轮虫为雌雄异体，生殖方式主要以孤雌生殖为主，少数种类在特殊情况下进行两性生殖。轮虫雌体正常会产下不需要受精的卵，可孵化成雌体，这种卵称为非需精卵或夏卵，产非需精卵的雌体称为不混交雌体。孤雌生殖生殖量大，繁殖快，种群增长迅速。当环境条件恶化时，一些种类开始两性生殖，此时不混交雌体产的卵经减数分裂形成需精卵。未受精的需精卵可发育成雄体，经过受精的需精卵形成冬卵或休眠卵。休眠卵具后壳保护，可抵御不良环境，待环境好转时孵化出不混交雌体。

（三）生态特征

轮虫除了在淡水水体中广泛分布，在海水及内陆咸水中也有存在，但数量较少。某些耐盐性种类，如褶皱臂尾轮虫（*Brachionus plicatilis*）、螺形龟甲轮虫（*Keratella cochlearis*）等可在河口、内陆盐水及浅海沿岸带中生活。大部分轮虫种类喜栖息于水体平静、有机质丰富的水体。

（四）利用价值

轮虫繁殖速度快，产量高，在渔业生产尤其是淡水池塘养殖中具有重要作用。轮虫是淡水鱼类繁殖中鱼苗的重要开口饵料。不同轮虫种类对不同环境因子的适应性具有差异，因此可作为指示生物应用在环境监测工作中。

（五）常见种类

1. 盘状鞍甲轮虫（*Lepadella patella*）

分类地位： 轮形动物门—轮虫纲—单巢目—臂尾轮科—鞍甲轮属。

形态特征： 具1块较厚的隆起突出的被甲，呈卵圆形或梨形，形状常有变异；有或无龙骨及侧突出，被甲前端具1个半圆形狭状开口；足孔深，背腹面距离较大，约等于体长的1/3。具1

个分 3~4 节粗壮的足，仅能末端和趾伸出被甲之外。具 2 个尖角状的趾，长为被甲长的 1/3。具 2 个侧眼。

个体大小： 体全长 125~140 μm，被甲长 98~110 μm，趾长 25~30 μm。

生态特征： 普通常见种类，喜栖息于沉水植物较多、营养盐较丰度的静水水体中。辽宁地区常见于池塘、鱼塘、湖泊及水库沿岸带。

盘状鞍甲轮虫

2. 萼花臂尾轮虫（*Brachionus calyciflorus*）

分类地位： 轮形动物门—轮虫纲—单巢目—臂尾轮科—臂尾轮属。

形态特征： 体被腹面观呈长方形；被甲前端具 4 个长且发达的棘状突起，中间 1 对突起较两侧大，有时 2 对棘突一样长；被甲后端具足孔，两侧亦有短棘突，足孔伸出具环状沟纹的长足，能自由弯曲。在周期性变异中，其被甲后半部膨大处生出 1 对后棘刺。

个体大小： 被甲长 240~300 μm，宽 150~180 μm；后棘刺长 20~40 μm。

萼花臂尾轮虫

繁殖方式： 繁殖力强，世代交替快，一年的大部时间由雌体进行孤雌生殖。当环境条件恶化时就会出现混交雌体，此时产出的卵叫冬卵。冬卵经受精后分泌出一层比较厚的卵壳以抵抗不良环境，形成休眠卵。每一个混交雌体可能同时或陆续产生休眠卵或可以孵出雄体的冬卵。休眠卵较重，常下沉到水底，也有浮在水面的，有的留在母体上，随母体一同下沉。这种卵可以耐受干燥、高温、冰冻及水质的剧烈变化，可以越冬。

生态特征： 极常见喜温世界性分布种类，7~8℃以上开始生长发育，广泛生活于各种淡水水域。辽宁地区常见于水坑、池塘、鱼塘、河流、湖泊及水库等各类水体，并常形成优势种；尤以石灰清塘后可达繁殖高峰期。

3. 方形臂尾轮虫（*Brachionus quadridentatus*）

分类地位： 轮形动物门—轮虫纲—单巢目—臂尾轮科—臂尾轮属。

形态特征： 被甲宽阔，一般自前端向后端逐渐膨大，最宽处位于棘状突起基部处。被甲背面具颗粒状小凸起有规则地排列在其表面。被甲前端具 3 对棘状突起，中间 1 对最长，其尖端向两侧弯曲；两侧 1 对棘突尖端向内或向外或弯曲或笔直不弯。腹面前端边缘呈波状。被甲后端两侧各有一比较长的棘状突起，但有些个体突起很短不发达甚至无突起。被甲后端中间具一半椭圆形孔，为足出入通道。头冠纤毛环上具 3 个发达棒状突起。

个体大小： 被甲（不包括后突起）长 135 μm，宽 150 μm；后端棘状突起长 63 μm。

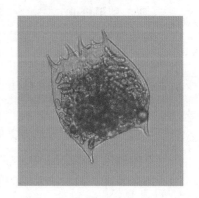

方形臂尾轮虫

生态特征：常见种类，喜栖息于碱性水体中。辽宁地区常见于池塘、鱼塘、河流及水库沿岸带。

4. 壶状臂尾轮虫（*Brachionus urceus*）

分类地位：轮形动物门—轮虫纲—单巢目—臂尾轮科—臂尾轮属。

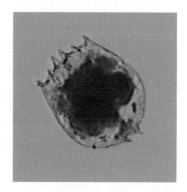

壶状臂尾轮虫

形态特征：被甲短而宽，透明且光滑，长度一般大于宽度。腹面扁平，被甲自前端两侧向后端逐渐凸起。背腹面观被甲后半部比前半部膨大呈壶状。被甲背面前端具 3 对棘状突起，中间 1 对较大，其余两对几乎等长；中间 2 个棘突之间具明显缺刻。被甲后端浑圆，背面中央处具 1 半圆形或马蹄形的孔，为足出入通道。头冠发达，具围顶纤毛、口围纤毛和 3 个棒状突起；突起上具许多粗大纤毛。足很长，表面具环状沟纹。足末端具 1 对铗状趾。口位于头冠腹面，经口腔直通发达的槌形咀嚼囊；槌钩自基部裂成 5 片栅状线条，每一线条末端又变成尖圆形的齿。食道短而粗，1 对消化腺呈椭圆形位于身体两侧。具 1 大眼点，位于脑后端背面。背触手呈短棒状，末端具 1 束感觉毛，自被甲中间 1 对棘突间伸出。

个体大小：被甲长 196~240 μm，宽 152~202 μm。

生态特征：常见种类，分布很广，营浮游和底栖生活，喜栖息于有机质较丰富的水体，并可生存于具有一定盐度的水体中。辽宁地区常见于池塘、河流、湖泊及水库沿岸带。

5. 剪形臂尾轮虫（*Brachionus forficula*）

分类地位：轮形动物门—轮虫纲—单巢目—臂尾轮科—臂尾轮属。

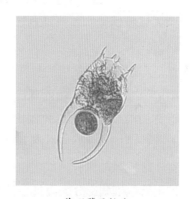

剪形臂尾轮虫

形态特征：被甲坚固并具有一定的形状。背腹一般扁平，前端具 2 对棘刺，两侧 1 对较中间 1 对要大。被甲后端 1 对后棘刺粗壮，足由足孔伸出并可伸得很长。足或长或短，且有 1 个或几个能伸缩的环节；光滑或有假节，末端具 1 对铗状的趾。

个体大小："小型"被甲种类长 95 μm，宽 85 μm（不含前后突起）；"剪型"被甲种类长 105~120 μm，宽 100~115 μm（不含前后突起）。

生态特征：常见种类，分布广，自然水体和养殖水体均可经常出现；辽宁地区常见于鱼塘、池塘、浅水湖泊及水库沿岸带。

6. 角突臂尾轮虫（*Brachionus angularis*）

分类地位：轮形动物门—轮虫纲—单巢目—臂尾轮科—臂尾轮属。

角突臂尾轮虫

形态特征：被腹面观，被甲呈不规则圆形。前端具 1 对较短的棘突，突起尖端略向内弯曲。腹面前缘自两侧渐渐浮起，到中央又形成一凹痕。被甲后端有 1 个马蹄形的孔，为足出入通道。孔两旁具 1 对棘状突起，其尖端也向内弯曲。

个体大小：被甲全长 110~205 μm，宽 85~165 μm。

生态特征：极常见世界性分布种类，广泛分布于各类淡水水体中。喜生活于有机质丰富的水体，并可生存于具有一定盐度的水体中。辽宁地区常见于鱼塘、池塘、河流、湖泊及水库中，为水丰水库中常见优势种。

7. 裂足臂尾轮虫（*Brachionus diversicornis*）

分类地位：轮形动物门—轮虫纲—单巢目—臂尾轮科—臂尾轮属。

形态特征：被甲光滑透明，呈长卵圆形；前半部较后半部宽。被甲前端边缘平稳，具 2 对棘状突起。两侧 1 对突起显著长于中间 1 对，中间 1 对竖直或略向外弯曲。被甲后端尖削，足孔边缘向上凹入；两旁具 1 对不对称棘状突起，一般右侧远长于左侧。被甲腹面前端边缘中央略凹入，其余部分平直；两侧具 1 对很小的刺。足可伸很长，表面具环状沟纹；后端约 1/4 处裂开呈叉状，每个叉末端具 1 对爪状的趾。头冠纤毛环与臂尾轮虫相似。咀嚼器的板式为典型的槌形。眼点位于脑后端，非常显著。

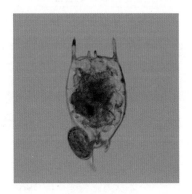

裂足臂尾轮虫

个体大小：被甲长（不包括前后突起）175~210 μm，宽 90~170 μm；前端侧突起长 35~60 μm，后端右突起长 55~80 μm。

生态特征：极常见种类，喜栖息于浅水水体中。辽宁地区常见于池塘、鱼塘、湖泊及水库沿岸带。

8. 蒲达臂尾轮虫（*Brachionus budapestiensis*）

分类地位：轮形动物门—轮虫纲—单巢目—臂尾轮科—臂尾轮属。

形态特征：被甲为长圆形，背腹面观宽度约为长度的 2/3，两侧边缘几乎平行。侧面观前半部相当扁平，后半部膨大突出。被甲背面前端具 2 对长的棘状突起，突起尖端往往略向内弯曲。腹面前缘中间凹入。后端浑圆无棘刺，也无尖角或其他突起。背面有 4 条明显的纵长条纹。被甲布满微小的粒状突起，呈纵长排列。被甲后端细削部分腹面具心脏形足孔。

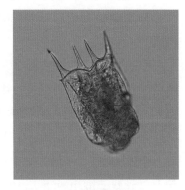

蒲达臂尾轮虫

个体大小：被甲长（不含前后棘突）105 μm，宽 75 μm；前端中间一对棘突长 35 μm。

生态特征：喜栖息于有机质较多的小型水体中。辽宁地区可见于池塘、鱼塘、河流及水库沿岸带。

9. 尾突臂尾轮虫（*Brachionus caudatus*）

分类地位：轮形动物门—轮虫纲—单巢目—臂尾轮科—臂尾轮属。

形态特征：被甲前端通常具 1 对棘刺，有时具 2~3 对；内侧 1 对与角突臂尾轮虫相似，棘刺较短。被甲后端略尖削，后中刺对称，呈圆规状。

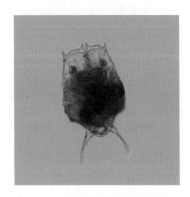

尾突臂尾轮虫

个体大小：体全长 108~220 μm，被甲长 78~170 μm；中间前棘刺长 3 μm，后棘刺长 18~60 μm。

生态特征：常见种类，喜栖息于有机质较多水体中；曾在水丰水库中大量出现。

10. 四角平甲轮虫（*Platyias quadricornis*）

分类地位：轮形动物门—轮虫纲—单巢目—臂尾轮科—平甲轮属。

形态特征：被甲呈圆盾形或卵圆形，背面具龟甲状花纹。前端棘刺只有 1 对或 2 根，棘刺长且显著突出并向腹面弯曲，被甲后端具 1 对棘刺。

个体大小：被甲长 155~290 μm，宽 120~210 μm。

生态特征：喜生长于具水生植物的水域。

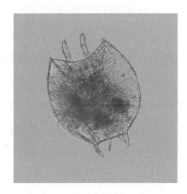

四角平甲轮虫

11. 螺形龟甲轮虫（*Keratella cochlearis*）

分类地位：轮形动物门—轮虫纲—单巢目—臂尾轮科—龟甲轮属。

形态特征：被甲坚硬，从两侧和前后向中央明显隆起。前端具 3 对棘刺，中央 1 对稍长并向外侧弯曲；后端中央具 1 根长棘刺，由于季节周期性变异，这根棘状突起长短不一，有时完全消失。被甲表面具线纹，把被甲隔成 11 块小片。形体变异很大，具 8 个变种和 6 个型。头冠纤毛具 3 个棒状突起。无足，咀嚼器内咀嚼板为槌形。

个体大小：体长（包括前、后棘刺）186~200 μm，宽 62~70 μm；被甲长 95 μm，宽 65 μm；后棘刺长 80~85 μm。

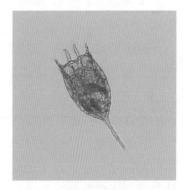

螺形龟甲轮虫

生态特征：极常见世界性分布种类，广泛分布于各类水体；并可生存于具有一定盐度的水体中。可做昼夜垂直移动，白天可从水表层下沉，夜晚又上升至水表面。辽宁地区常见于鱼塘、池塘、河流、湖泊和水库中，并常形成优势种；是水丰水库中最常见的优势种。

12. 矩形龟甲轮虫（*Keratella quadrata*）

分类地位：轮形动物门—轮虫纲—单巢目—臂尾轮科—龟甲轮属。

形态特征：背腹面观被甲略呈长方形，少数呈椭圆形。被甲自两侧和前后端向中央隆起；表面有规则的隔成 20 块小片，所有小片表面都具微小粒状雕纹。前端具两对长棘突；中央 1 对较长，外侧 1 对棘突顶部向外侧弯曲。被甲后端具或不具 1 对长后棘刺，棘刺顶端向外侧弯曲。腹甲简单，表面具粒状雕纹。

个体大小：被甲长（不含前、后棘刺）144~160 μm，宽 104~112 μm；后棘刺长 64~116 μm，前中间棘刺长 36~48 μm。

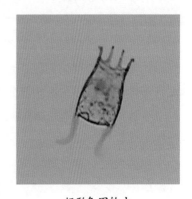

矩形龟甲轮虫

生态特征：常见世界性分布种类，广泛分布于各类水体。可做昼夜垂直移动，白天可从水表层下沉，夜晚又上升至水表面。辽宁地区常见于鱼塘、池塘、河流、湖泊及水库沿岸带。

13. 曲腿龟甲轮虫（*Keratella valga*）

分类地位： 轮形动物门—轮虫纲—单巢目—臂尾轮科—龟甲轮属。

形态特征： 被甲近长方形。前端伸出 3 对棘状突起，一般中间 1 对最长，往往向外弯曲。被甲两侧和前后端向中央隆起。背面具龟甲样小片，每个小片都具微小的粒状雕纹。

个体大小： 被甲（不包括前后突起）长 105~135 μm，宽 75~90 μm；中央突起长 40~45 μm，后端突起长 10~115 μm。

生态特征： 极常见浮游种类，分布广，2℃以上就开始生长发育。辽宁地区常见于池塘、鱼塘、河流、湖泊及水库中；常见于水丰水库中，但数量不大。

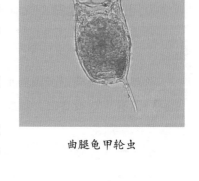

曲腿龟甲轮虫

14. 大肚鬚足轮虫（*Euchlanis dilatata*）

分类地位： 轮形动物门—轮虫纲—单巢目—须足轮科—鬚足轮属。

形态特征： 被甲卵圆形，后端浑圆形成 1 个 "V" 或 "U" 形缺刻，被甲隆起呈平稳弧形至高三角形，中央隆起不形成膜状 "龙骨" 突起。

个体大小： 被甲长 224~304 μm，宽 300~320 μm；趾长 64 μm。

生态特征： 广泛分布于各类淡水水体中，喜栖息于有机质丰富的静态水体中。辽宁地区常见于鱼塘、池塘、河流、湖泊及水库沿岸带，是水丰水库中常见优势种。

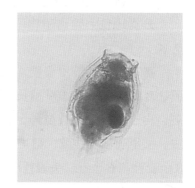

大肚鬚足轮虫

15. 月形腔轮虫（*Lecane luna*）

分类地位： 轮形动物门—轮虫纲—单巢目—腔轮科—腔轮虫属。

形态特征： 被甲轮廓为宽阔的卵圆形，宽度约为长度的 3/4。被甲前端边缘显著较腹甲窄，整个边缘形成半月形或 "V" 形的下沉凹陷。被甲无前侧刺，光滑无刻纹。被甲后端足孔中伸出一很短的足，第 1 节两侧几乎平行，第 2 节相当粗壮，呈菱形或近四方形。足具 2 个很长的趾，长度超过体长的 1/3。爪细长尖锐，中央具环纹把它隔成左右两部分，基部两侧具 1 对很小的刺。

个体大小： 体全长 200 μm；被甲长 115~168 μm，宽 95~146 μm；趾长（包括爪）58~62 μm。

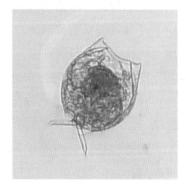

月形腔轮虫

生态特征： 常见种类，喜栖息于各类淡水水体中。辽宁地区常见于鱼塘、池塘、河流、湖泊及水库中。

16. 精致单趾轮虫（*Monostyla elachis*）

分类地位： 轮形动物门—轮虫纲—单巢目—腔轮科—单趾轮虫属。

形态特征： 被甲近圆形，宽度略小于长度。被甲和腹甲前端边缘并不符合一致。趾长近全长的 1/3。

个体大小：被甲长 76 μm，宽 72 μm；趾长 21 μm。

生态特征：喜栖息于挺水植物和沉水植物繁生的浅水静水水体中。辽宁地区常见于池塘、湖泊及水库沿岸带。

17. 囊形单趾轮虫（*Monostyla bulla*）

分类地位：轮形动物门—轮虫纲—单巢目—腔轮科—单趾轮虫属。

形态特征：被甲前端窄，呈长椭圆形。具 1 个长趾，近被甲全长的 1/3。

个体大小：被甲长 132~180 μm，宽 100~152 μm；趾长 64~112 μm。

生态特征：喜栖息于浅水静水水体中。辽宁地区可见于池塘、河流滞水区、湖泊及水库沿岸带。

18. 前节晶囊轮虫（*Asplanchna priodonta*）

分类地位：轮形动物门—轮虫纲—单巢目—晶囊轮科—晶囊轮属。

形态特征：身体透明，呈囊袋形，似灯泡。中部或后半部浑圆，较前部宽阔且无足。头冠顶盘大而发达，盘顶具三叉形裂缝状的口。咀嚼板系典型的砧形；砧基比较短，砧枝发达，每一砧枝前半部的内侧具有 4~16 个参差不齐的锯齿；遇到浮游植物等食物时，咀嚼器突然转动，伸出口外，摄取食物后随即缩入。消化管道后半部即肠和肛门都已消失，胃相当发达。卵巢和卵黄腺呈圆球形。

个体大小：体长 0.3~1.2 mm，宽 0.1~0.5 mm。

生态特征：常见世界性分布种类，喜栖息于富营养型水体中。辽宁地区常见于鱼塘、池塘、河流、湖泊及水库中；常在水丰水库中大量出现。

19. 等刺异尾轮虫（*Trichocerca similis*）

分类地位：轮形动物门—轮虫纲—单巢目—鼠轮科—异尾轮属。

形态特征：被甲呈纵长倒圆锥形，最宽处一般位于头部和躯干部交界处。头部甲鞘具纵长褶痕，当虫体收缩时裂成许多褶片。背面偏右侧具一对很细很长的背刺，背刺可向腹面转动，或彼此交叉在一起。2 条隆状突起自背刺基部开始一直延伸至被甲中下部，脊状隆起之间具横纹区。头冠具 2 个乳突。具 1 节呈倒圆锥形的很细的足。具 2 个等长或近等长的趾，左趾略比右趾长，相互交叉；趾长约为体长的 1/3。具 2~3 个附趾。咀嚼板细弱，左侧槌板

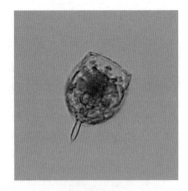

精致单趾轮虫

囊形单趾轮虫

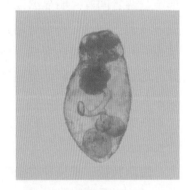

前节晶囊轮虫

等刺异尾轮虫

比右侧发达。

个体大小：体长 175~185 μm；背刺长 32 μm；左趾长 40~45 μm，右趾长 32 μm。

生态特征：常见种类，广泛分布于各类水体中；辽宁地区常见于鱼塘、池塘、河流、湖泊及水库中；是水丰水库中常见优势种。

20. 长刺异尾轮虫（*Trichocerca longiseta*）

分类地位：轮形动物门—轮虫纲—单巢目—鼠轮科—异尾轮属。

形态特征：被甲具横纹区和 2 个甲鞘，前端具 2 个不等长的刺。具 2 个不等长的趾，左趾约为体长的 1/2 以上，右趾极短或缺乏；有附趾。

个体大小：体全长 560 μm，前端右趾长 55 μm，左趾长 24 μm。

生态特征：常见淡水种类。辽宁地区常见于鱼塘、池塘、河流、湖泊及水库中。

长刺异尾轮虫

21. 刺盖异尾轮虫（*Trichocerca capucina*）

分类地位：轮形动物门—轮虫纲—单巢目—鼠轮科—异尾轮属。

形态特征：被甲呈纵长圆筒形，略向腹面弯曲。头部较躯干部窄，两者间具一明显紧缩颈圈。头部表面具许多纵长缝线将甲鞘隔成若干褶片。头部背面具 1 个头盔状突出物，远突出于头部前面，并向被甲腹面弯曲，当头部收缩时将盖在头上。躯干无龙骨。足很短，呈宽阔的倒圆锥形。足具 2 个较短的趾，不等长且交叉在一起。咀嚼板细长，左右基本对称。脑背面具不显著眼点。

个体大小：体全长 430 μm，左趾长 126 μm，头背三角形甲鞘片长 68 μm。

生态特征：常见种类，广泛分布于各类型淡水水体中。辽宁地区尤以河流中最常见。

刺盖异尾轮虫

22. 圆筒异尾轮虫（*Trichocerca cylindrica*）

分类地位：轮形动物门—轮虫纲—单巢目—鼠轮科—异尾轮属。

形态特征：被甲轮廓呈圆筒状。头部甲鞘较长，具纵长的折痕。当虫体收缩时，甲鞘孔就关闭。头部前端背面具 1 个细长的钩状刺，背部具延伸至体末端的横纹区。足倒圆锥形，基部粗壮。只具左趾且很长，几乎与体长相等。具 2 个刚毛样附趾。咀嚼板相当发达且左右略不对称。脑背面中部具眼点。

个体大小：体全长 542 μm，本体长 296 μm，左趾长 256 μm。

生态特征：常见种类，广泛分布于各类淡水水体中。辽宁地

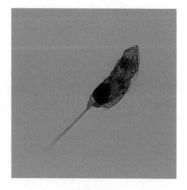

圆筒异尾轮虫

区常见于鱼塘、池塘、河流、湖泊及水库中；是水丰水库中常见优势种。

23. 瓷甲异尾轮虫（*Trichocerca porcellus*）

分类地位：轮形动物门—轮虫纲—单巢目—鼠轮科—异尾轮属。

形态特征：被甲短且厚实，体宽约为体长的1/3。趾长约为体长的1/3，常弯曲。

个体大小：体全长 422 μm。

生态特征：喜栖息于静水水体中。辽宁地区可见于河流、湖泊及水库沿岸带。

瓷甲异尾轮虫

24. 针簇多肢轮虫（*Polyarthra trigla*）

分类地位：轮形动物门—轮虫纲—单巢目—疣毛轮科—多肢轮属。

形态特征：身体透明，呈长方块状。背腹面略扁平。身体分头和躯干两部分，它们之间具明显的紧缩折痕。头的前端和躯干后端平直或接近平直。在头和躯干之间，背面和腹面各有2束粗针状的肢，分别由前端两侧射出；每束具3条肢。肢呈剑状或细长的针叶片状。本体和肢的形态具季节性变异。头冠盘顶相当发达，周围仅有1圈纤毛环。盘顶腹部具口位，周围具1圈微弱的口围纤毛。咀嚼囊发达，呈不规则心脏形。咀嚼器杖形，砧基特别长而细。食道短而粗。脑背面具1个暗红色眼点。

针簇多肢轮虫

个体大小：本体长 120~165 μm，宽 85~114 μm；肢长 100~170 μm。

生态特征：常见世界性分布种类，广泛分布于各类型淡水水体中。可做昼夜垂直移动，白天可从水表层下沉，夜晚又上升至水表面。辽宁地区常见于池塘、河流、湖泊及水库中。

25. 截头皱甲轮虫（*Ploesoma truncatum*）

分类地位：轮形动物门—轮虫纲—单巢目—疣毛轮科—皱甲轮属。

形态特征：被甲呈宽卵圆形。背面观边缘近平直，后端瘦削呈钝圆或成钝角。被甲前端背面近平直，有时呈平稳的波浪式起伏，无突出。整个被甲具浮起的肋条和下沉的沟条。头冠与晶囊轮虫相似，围顶纤毛长且发达。足伸出丁被甲腹面贯穿前后端的裂缝中部，具明显的环状沟纹。足可缩短，但无法完全从裂缝缩入甲内。具1对宽阔且发达的钳状趾。咀嚼器为变态的仗形，已接近钳形。具1个深红色或黑色圆球形的大眼点。

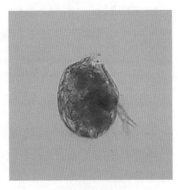

截头皱甲轮虫

个体大小：被甲长 165~280 μm，宽 90~120 μm。

生态特征：温水性浮游种类，广泛分布于各类型淡水水体中。辽宁地区尤以深水湖泊或水库的敞水带最为常见，常在水丰水库中大量出现。

26. 长三肢轮虫（*Filinia longiseta*）

分类地位： 轮形动物门—轮虫纲—单巢目—镜轮科—三肢轮属。

形态特征： 虫体呈卵圆形，较宽阔，无被甲和足，分为头和躯干。具有 3 条粗刚毛状的长肢。2 条前肢生出于躯干最前端与头部连接处的两侧。前肢基部膨大，向后逐渐尖削，可做游泳和突然跳跃运动；前肢长度为体长的 2~4 倍。后肢 1 条，基部较粗壮，着生于躯干腹面；长度较前肢短，约为体长的 2 倍，无法自由活动。3 个肢的周围具微小的短刺。头部较短，前端平直或略向腹面倾斜。头冠与巨腕轮虫相似，但仅有 1 圈围顶纤毛圈。身体内部肌肉发达。咀嚼器为典型槌枝形，左右槌钩具很多齿。躯干后端背面具肛门。具较小的长卵圆形脑。具 1 对深红色眼点，左右两眼点相隔较远。

长三肢轮虫

个体大小： 体长（不包括前后肢）110~160 μm；前肢长 320~500 μm，后肢长 180~380 μm。

生态特征： 常见世界性分布种类，广泛分布于各类型淡水水体中。辽宁地区常见于鱼塘、池塘、河流、湖泊及水库中；是水丰水库中常见的优势种。

27. 迈氏三肢轮虫（*Filinia maior*）

分类地位： 轮形动物门—轮虫纲—单巢目—镜轮科—三肢轮属。

形态特征： 虫体呈卵圆形，无被甲和足，分为头和躯干两部分。具 3 条粗刚毛状长度基本等长的肢。形态结构与长三肢轮虫基本一致，所不同的是后肢着生位置有所不同，于躯干末端或近末端 10 μm 内发出。

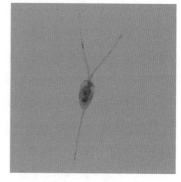

迈氏三肢轮虫

个体大小： 体长（不包括前后肢）105~180 μm；前肢长 330~475 μm，后肢长 235~440 μm。

生态特征： 常见种类，广泛分布于各类型淡水水体中。辽宁地区常见于鱼塘、池塘、河流、湖泊及水库中；是水丰水库中常见的优势种。

三、枝角类（Cladocera）

枝角类为一类小型甲壳动物，通称为"溞"，俗称红虫或鱼虫。绝大多数种类生活在淡水中，是鱼类和其他水生动物食物的重要来源。枝角类处于食物链的中间环节，在淡水生态系统的食物循环中具有重要作用。由于其分布广，数量大，易采集，易培养，繁殖周期短，因此被认为是一种非常好的实验生物。

（一）形态特征

枝角类躯体短，侧扁不分节，侧面观呈卵圆形，躯体分头部和躯干部，包被于两个壳瓣中，头部包被于整个甲壳内，有的种类背面具颈沟。头具 1 个大复眼，由若干小眼组成，第 1 触角附近还具 1 个小的单眼。头部腹侧具第一触角，短小，单肢型。头部两侧具强大的第 2 触角，双肢型，为主要的游泳器官，其刚毛式是分类的重要依据。头部两侧各具 1 条由头甲增厚形成的隆

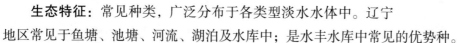

线，称为壳弧，可伸展至第二触角基部。

枝角类躯干部包括胸部和腹部。壳瓣左右各两片，薄且透明，在背缘处愈合，腹缘和后缘游离。壳瓣分内、外两层，血液在内外两层内流动。内层薄，与外界水体接触进行氧气交换，外层较厚具有保护作用。躯干具 4~6 对兼具滤食和呼吸功能的胸肢，已丧失运动功能。腹部背侧具 1~4 个突起，称为腹突，腹突之后具 1 个节状突起，其上着生 2 根具有感觉功能的羽状刚毛，称为尾刚毛。有的种类小节突很发达，称为尾突。肛门开口于后腹部后方。尾爪、肛刺和侧刺不但可剔除不能进食的食物，也可拭去胸肢刚毛上的污物。

（二）繁殖方式

枝角类具孤雌生殖和两性生殖两种生殖方式。当环境条件比较适宜时行孤雌生殖，环境恶化时行两性生殖。一般我们所见到的枝角类个体均为孤雌生殖的雌体，它能产出不需要受精就能发育的孤雌生殖卵，也称夏卵，又名非需精卵。当环境条件恶化时，孤雌生殖雌体所产出的夏卵会孵出雌体和雄体两种个体，它们之间开始行两性生殖产生冬卵，又称需精卵。冬卵孵出的个体均为雌体，又开始行孤雌生殖。

（三）生态特征

枝角类绝大部分种类生存于淡水水体中。其在江河中种类和数量相当匮乏，而池塘、湖泊或水库是其分布的主要水域。尤其在多水草的沿岸带，种类和数量特别丰富；敞水区则比较少。长额象鼻溞（*Bosmina longirostris*）、僧帽溞（*Daphina cucullata*）等是常见种类，有时数量很大。

枝角类在不同水体的分布会明显受到水环境因子的影响。其中 pH 与其代谢、生殖和发育有着密切的关系。水体盐度也是影响其分布的重要因子。枝角类对盐度的适应范围十分广泛，绝大部分种类分布于淡水水体中，有的种类也分布于内陆盐水水体中，某些种类可生存于盐度 40 以上的超盐水体中。

（四）利用价值

枝角类在水体中数量多、运动慢、营养丰富，是许多鱼类和甲壳动物的优质饵料。尤其在一些水产经济种类幼体发育到取食轮虫和人工颗粒饲料的过渡阶段，枝角类更是难以代替的适口饵料。目前国内对枝角类的培养技术已经很成熟，取得了一定效果。

（五）常见种类

1. 长肢秀体溞（*Diaphanosoma leuchtenbergianum*）

分类地位：节肢动物门—甲壳纲—双甲目—枝角亚目—仙达溞科—秀体溞属。

形态特征：体无色透明，壳瓣腹缘无褶片。头部较大，额顶呈锥状凸出。沿缘具棘齿、细刺以及长刚毛。额顶突出呈锥形。复眼略小，远离头顶且贴近腹面。第二触角粗壮且特别长，当向后伸展时，其外肢的末端能够达到甚至超过壳瓣的后缘。

个体大小：雌性体长 0.84~1.23 mm，雄性体长 0.91~0.95 mm。

生态特征：常见种类，辽宁地区常见于池塘、河流和浅水湖泊中。

长肢秀体溞

2. 短尾秀体溞（*Diaphanosoma brachyurum*）

分类地位： 节肢动物门—甲壳纲—双甲目—枝角亚目—仙达溞科—秀体溞属。

形态特征： 体型与长肢秀体溞非常相似。额顶较平，具颈沟。头背面无吸附器。复眼较大。相互区别的方法是该种第二触角较短，外肢的末端未达到壳瓣后缘。

个体大小： 雌性体长 0.85~1.2 mm，雄性体长 0.68~0.84 mm。

生态特征： 广温性种类，喜生活于酸性水体中，无明显垂直迁移运动。辽宁地区常见于池塘、河流、湖泊及水库中。

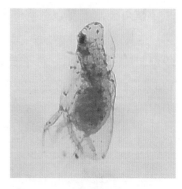

短尾秀体溞

3. 溞状溞（*Daphnia pulex*）

分类地位： 节肢动物门—甲壳纲—双甲目—枝角亚目—溞科—溞属。

形态特征： 雌性体呈卵圆形或长卵形，半透明。壳瓣背侧具脊棱。背缘和腹缘弧度大致相等。壳刺位于背中线之下，指向后方，长度为壳长的 1/5~1/3。壳纹明显，呈菱形或不规则网状。头部大多低，无盔。头腹侧于复眼后内凹。壳弧发达，后端弯曲呈锐角状。复眼大，接近头顶。吻尖。第 1 触角短；第 2 触角向后伸展时，游泳刚毛末端达不到壳刺基部。雄性壳瓣背腹两侧均不弓起。壳刺靠近背侧，斜向背方。吻不显著。第 1 触角长，稍弯曲，靠近末端前侧具 1 根细小触毛。第 1 胸肢具钩和长鞭。后腹部较窄，背侧凹陷。具 11~12 个肛刺，无侧突。

溞状溞

个体大小： 雌性体长 1.4~3.36 mm；雄性体长 0.91~1.35 mm。

生长繁殖： 一般要 12℃以上才开始进行单性繁殖。生长和发育的最适温度经驯化后可从 26~28℃降低到 24~25℃。

生态特征： 广温性常见种类。辽宁地区尤以河流下游最为常见。

4. 僧帽溞（*Daphina cucullata*）

分类地位： 节肢动物门—甲壳纲—双甲目—枝角亚目—溞科—溞属。

形态特征： 雌性体侧扁，侧面观呈椭圆形。壳瓣透明，宽约为长的 3/4，背腹两缘均凸出。壳刺一般较长，自身体纵轴发出。壳瓣花纹不明显。头型随季节变化而不同；在温暖春季，头部具很长头盔，随秋季到来头盔逐渐变短，至翌年春末，又重新形成头盔。吻短钝。一般无单眼而具较小的复眼。第 1 触角很短，几乎完全被吻部覆盖。第 2 触角较长，游泳刚毛末端可达壳刺基部。后腹部短小，背侧稍凸，具 6~9 个肛刺。雄性壳瓣背缘平直或微凸。壳刺很长，显著地斜向背方。头长明显小于壳长。吻特别钝。第 1 触角长圆柱形，末端具 9 根嗅毛、1 根短触毛及 1 根刚毛。后腹角部较狭，具 6 个左右肛刺、

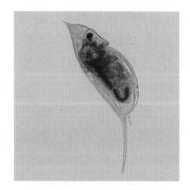

僧帽溞

2 个短腹突。

个体大小： 雌性体长 0.8~3 mm。雄性体长 0.7~1.5 mm。

生态特征： 常见浮游性种类，喜栖息于水温较低的静水水体中。辽宁地区常见于池塘、河流、湖泊及水库中；常在水丰水库中大量出现。

5. 透明溞（*Daphina hyalina*）

分类地位： 节肢动物门—甲壳纲—双甲目—枝角亚目—溞科—溞属。

形态特征： 雌性背面脊棱一直伸展至头部。壳刺细长，肛刺 9~15 个。雄性壳刺亦长，肛刺 7 个左右。

个体大小： 雌性 1.3~3.04 mm，雄性 1.06~1.43 mm。

生态特征： 广温性浮游种类，喜栖息于贫营养型水体。辽宁地区常见于池塘、河流、湖泊及水库中。

透明溞

6. 直额裸腹溞（*Moina rectirostris*）

分类地位： 节肢动物门—甲壳纲—双甲目—枝角亚目—裸腹溞科—裸腹溞属。

形态特征： 个体较大，雌性后背角稍外凸，壳面网纹清晰。头大而短，第一触角长，呈棒状。肛刺 9~15 个。雄性后背角钝，具充满头顶的大复眼。第 1 触角特别长，几乎达到体长的 1/2。后腹部与雌性完全相同。

个体大小： 雌性体长 1.2~1.4 mm，雄性体长 0.8~1 mm。

生态特征： 广温性种类，喜栖息于水质混浊而底泥为淤泥的小型水体中。辽宁地区常见于池塘、河流中下游、湖泊及水库中。

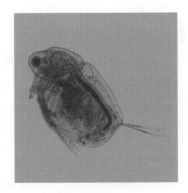

直额裸腹溞

7. 长额象鼻溞（*Bosmina longirostris*）

分类地位： 节肢动物门—甲壳纲—双甲目—枝角亚目—象鼻溞科—象鼻溞属。

形态特征： 雌性体型变化大，具多种型。壳瓣高，后腹角延伸成一壳刺，壳刺下缘有时带锯齿。额毛着生于复眼与吻部末端之间。雄体壳瓣狭长，背缘平直。吻钝，无额毛。第 1 触角不与吻愈合，可以活动。后腹部末端向内凹陷。尾爪较短。

个体大小： 雌性体长 0.4~0.6 mm，雄性体长 0.33~0.45 mm。

生态特征： 极常见种类，喜富营养型温性水体，27℃时摄食最旺盛，日粮为体质量的 125%。广泛分布于各类型水体中。辽宁地区常见于鱼塘、池塘、河流湖泊及水库中；常在水丰水库中大量出现，是该水库中最常见的优势种。

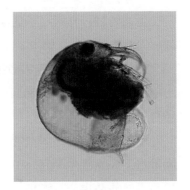

长额象鼻溞

8. 无刺大尾溞（*Leydigia acanthocercoides*）

分类地位： 节肢动物门—甲壳纲—双甲目—枝角亚目—盘肠溞科—大尾溞属。

形态特征： 雌性壳后缘平截，较高。腹缘弓形，并有较长的刚毛。壳面纵纹清晰。头小，吻尖。第2触角外肢第1节和末节均有1根长刺，内肢第1、第2节均有一横列细刺，末节有一长刺。胸肢5对，肠管盘曲。后腹部宽大，肛门部具2~3簇短的刺刚毛。肛后部的侧面具10簇小刺，后半部约具10簇侧肛刺；其中前2簇由长短刺各1个组成，其余8簇由两长一短的刺组成；近尾爪基部又具2簇细刺。雄性吻钝，第1胸肢具壮钩及长鞭毛。

无刺大尾溞

个体大小：雌性体长 0.65~1.4 mm，雄性体长 0.4~0.6 mm。

生态特征：广温性种类，辽宁地区尤以河流中最为常见。

9. 点滴尖额溞（*Alona guttata*）

分类地位：节肢动物门—甲壳纲—双甲目—枝角亚目—盘肠溞科—尖额溞属。

形态特征：雌性腹缘平直且列生刚毛，后背角浑圆略拱起，后腹角圆钝。壳面纵纹或圆点状。吻部钝。胸肢5对。肠管盘区一圈半以上。雄性第1胸肢具壮钩。无肛刺和爪刺。

点滴尖额溞

个体大小：雌性体长 0.38~0.52 mm，雄性体长 0.31~0.43 mm。

生态特征：常见广温性种类，喜栖息于浅水水体中。水丰水库中可见于沿岸带。

10. 吻状弯额溞（*Rhynchotalona rostrata*）

分类地位：节肢动物门—甲壳纲—双甲目—枝角亚目—盘肠溞科—弯额溞属。

形态特征：壳瓣后缘高度明显小于最大壳高。吻较短，不呈钩状。雄性个体较雌性个体小。

个体大小：雌性体长 0.4~0.5 mm。

生态特征：喜栖息于底质为砂质的水体。辽宁地区常见于池塘、河流、湖泊及水库中。

吻状弯额溞

11. 钩足平直溞（*Pleuroxus hamulatus*）

分类地位：节肢动物门—甲壳纲—双甲目—枝角亚目—盘肠溞科—平直溞属。

形态特征：雌性体型近长方形，黄褐色。壳瓣背缘弓起，后缘垂直。腹缘近乎平直，中部略凹陷，全缘列生刚毛。后背角明显，不向外凸出。后腹角无刻齿。壳面具斜行纵纹，其间还具许多横纹。后腹部平直。肛门后部向后逐渐削细，具12~14个肛刺。吻长且尖，均匀弯曲。单眼较小；复眼略大。第1触角前侧近中部具1根触毛，末端具1束等长的嗅毛。第2触角内外肢各分3节，游泳刚毛式为0-0-3/1-1-3。胸肢5对，第1胸肢具钩。具12~14个肛刺，尾爪基部具2个爪刺。

雄性壳瓣背缘较平直，于第2触角后最高。第1触角前端只

钩足平直溞

具 1 根触毛。第 1 胸肢具强钩。后腹部狭长，肛后角处向后逐渐收削，中部明显凹陷。肛刺少，仅在末端残留 4 个。

个体大小：雌性体长 0.45~0.55 mm，雄性体长 0.36~0.39 mm。

生态特征：辽宁地区可见于池塘、河流、湖泊及水库中。

12. 圆形盘肠溞（*Chydorus Sphaericus*）

分类地位：节肢动物门—甲壳纲—双甲目—枝角亚目—盘肠溞科—盘肠溞属。

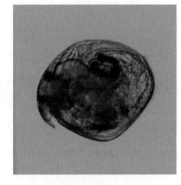

圆形盘肠溞

形态特征：雌性体呈圆形或近圆形，淡黄色或黄褐色。壳瓣短且高，背缘弓起，后缘很低；腹缘外凸，后半部内褶并列生刚毛。壳面具六边形或多边形网纹。头低，吻长且尖。单眼小于复眼。第 1 触角前端具 1 根触毛着生于偏基部整个触角的 1/3 处，末端具 1 束嗅毛。第 2 触角短小，内外肢均分 3 节，共具 7 根游泳刚毛。后腹部背缘具 8~10 个肛刺。尾爪基部具 2 个爪刺。

雄性壳瓣背缘弓起，腹缘更加凸起，全部列生刚毛；后缘弧度小，后背角明显。吻部较钝。第 1 触角粗壮，前端具数根触毛。第 1 胸肢具壮钩。后腹部在肛门后方收缢呈棒状。无肛刺和爪刺。

个体大小：雌性体长 0.25~0.45 mm，雄性体长 0.23~0.32 mm。

生态特征：常见广温性种类，最适 pH 值为 5 和 9；广泛分布于各类型淡水水体中。辽宁地区常见于池塘、河流、湖泊及水库沿岸带。

四、桡足类（Copepoda）

桡足类是一类小型甲壳动物，广泛分布于海洋、淡水和半咸水中，有的种类营寄生生活，是浮游动物中一个重要的组成部分。它们不仅可以做某些鱼类和其他水生动物的天然饵料，还可作为监测水体污染程度的指示生物。桡足类的世代周期较轮虫类和枝角类长，因此在水产养殖上作为饵料意义不如前两者。

（一）形态特征

桡足类身体略呈卵圆形，分前体部和后体部，前者较粗，后者较细。身体分节明显，共有16~17 个体节。

前体部（metas）也称头胸部，分为头和胸两部分。头部通常由 5 个体节和 1 个胸节愈合而成。背面常具 1 个单眼或 1 对晶体。胸部由 3~5 个体节组成，每个体节具 1 对附肢。后体部也称腹部（urosome），不具附肢，由 3~5 个体节组成，雄性一般比雌性多 1 个体节。生殖孔位于第 1 腹节，这一节也叫生殖节。雌性腹面常膨大，叫生殖突起。末节的腹节称为尾节，肛门位于尾节末端背面，因此尾节也被称为肛节。末端具 1 对尾叉，尾叉末端具 5 根不等长的羽状刚毛。

哲水蚤头部两侧具第 1 触角，强大，为主要游泳器官，单肢型，末端具 2 根羽状刚毛，雄性常特化成执握器。第 2 触角短且粗壮，双肢型，也为游泳器官。颚足为胸部第 1 附肢，单肢型，其结构随种类和食性而不同。胸足位于胸部腹面，着生有羽状刚毛，用于游泳，也称游泳足。第

5 对胸足因种类而有所不同，雌、雄具有明显的区别，是种类鉴定的最主要依据。

（二）繁殖方式

桡足类当发生交配行为时，一般雄体用第 1 触角或第 5 胸足抱住雌体，再用执握肢的第 1 触角抓住雌体的尾叉，随后用第 5 右胸足抱住雌体的腹部，将精荚从雄孔排出，利用第 5 胸足取下精荚，并固定在雌孔旁，精卵受精排到水中最终孵化为无节幼体。无节幼体经发育称为桡足幼体，再经发育最终成为成体。

（三）生态特征

海洋、湖泊、水库、池塘、河流、稻田及内陆盐水等各种水体都有桡足类的存在。通常哲水蚤于湖泊敞水带、河口及池塘中营浮游性生活；猛水蚤于敞水带以外的各类水体中营底栖生活；剑水蚤介于上述两种之间，栖息环境多种多样。桡足类喜生活于富营养型的静水水体中，河流等流水水域数量较少。桡足类以滤食、捕食和杂食这 3 种方式摄食。

（四）利用价值

桡足类是许多经济鱼类的重要饵料，特别是有些鱼类专门捕食桡足类，所以桡足类的分布与这些鱼群的洄游路线密切相关，可作为寻找渔场的标志。另外，某些桡足类与海流密切相关，可作为海流、水团的指示生物。有些桡足类，如台湾温剑水蚤（*Thermocyclops taihokuensis*），经常攻击鱼卵和鱼苗，咬伤大量仔稚鱼，对鱼类生存和生长造成很大的危害，影响渔业生产。某些剑水蚤和镖水蚤种类是一些寄生虫，如吸虫、绦虫、线虫的中间宿主，对人类以及家畜造成危害。

（五）常见种类

1. 汤匙华哲水蚤（*Sinocalanus dorrii*）

分类地位：节肢动物门—甲壳纲—桡足亚纲—哲水蚤目—胸刺水蚤科—华哲水蚤属。

形态特征：雌性尾叉窄长，长度约为宽度的 6 倍，内外缘均具细刚毛。第 1 触角 25 节，第 2 触角内肢显著长于外肢。第 4 胸足左右对称，内外肢均 3 节。

雄性腹部分 5 节。第 5 右胸足第 2 基节内缘基部伸出一匙状突起。外肢分 2 节，第 1 节的外末角具一短刺，第 2 基节内侧面具数个突起，末端延伸成钩刺状。内肢 3 节，第 2 节有 1 根羽状刚毛，第 3 节有 6 根长刚毛。左胸足第 2 基节粗短，末角有 1 根细刚毛。外肢第 1 节内缘具 1 小隆起，外末角具 1 根短刺；第 2 节的内缘波纹状，具 1 列细毛，外缘及末缘共具 3 根短刺和 1 根长刺；第 3 节有 6 根长羽状刚毛。

个体大小：雌性体长 1.44~1.73 mm，雄性体长 1.3~1.69 mm。

生态特征：常见纯淡水种类，辽宁地区常见于池塘、河流、湖泊及水库中。

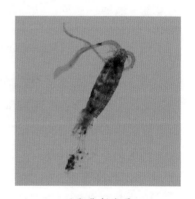

汤匙华哲水蚤

2. 指状许水蚤（*Schmackeria inopinus*）

分类地位：节肢动物门—甲壳纲—桡足亚纲—哲水蚤目—伪镖水蚤科—许水蚤属。

指状许水蚤

形态特征：雌性尾叉末部较基部宽大，内缘具细长刚毛，尾刚毛5根，中间1根显著膨大。第1触角可达生殖节中部。第5胸足外肢第1节末角具一刺状突，背面近末角处具一棘刺；第2节的内末角具一膨大的棘，末端具一棘状长刺；其基部背、腹面各具一较小的棘刺。

雄性后侧角无刺状毛，尾刚毛不膨大。第5右胸足第2基节的内侧面具2个突起，近基部突起大；顶端生一细刺，近节中部的突起小。外肢第1节的末角伸出一长刺，节的内缘具一细毛；第2节内缘也具一细毛，末端是一长而弯曲的钩状刺。左足第2基节内缘的镰刀状突起，后缘中部具一三角形锐刺。外肢第1节长方形，内缘近基部处具一细刚毛；第2节的外缘近末部具一短棘，内基角具一列刚毛，内缘中部伸出一指状突起。

个体大小：雌性体长1.25~1.4 mm，雄性体长1.15~1.36 mm。

生态特征：常见于淡水、半咸水及低盐度海水中。

3. 右突新镖水蚤（*Neodiaptomus schmackeri*）

分类地位：节肢动物门—甲壳纲—桡足亚纲—哲水蚤目—镖水蚤科—新镖水蚤属。

形态特征：头胸部后侧角的角顶和后缘各具一刺。腹部分3节，生殖节长而大；前半部两侧隆起。右侧缘突出较左侧缘大。第1触角长。第5胸足短小；第1基节背部具一壮刺，第2基节近乎三角形；外肢第1节短，第2节具爪状刺，第3小节具2根刺状刚毛；内肢仅1节，末端斜截。

右突新镖水蚤

雄体体型较雌性小，胸部两后侧角的顶部和后缘各有1个小刺。腹节5节。生殖节的右缘具一刺。尾叉内缘有细毛，右尾叉腹面具一齿突。执握肢分22节。第5右胸足第1基节的内末角呈片状突出，末端分两小叶，外叶较内叶长，后缘的外侧另有一半圆形突出；第2基节内缘中部一丘状突起；外肢第1节短，第2节狭长，外缘中部具一强大侧刺，节末端的钩状刺长而弯曲；内肢仅1节，棒槌状。左胸足第2基节内缘具一透明突起；外肢第1节和第2节内缘密布感觉毛，第2节内缘向内突出成三角状。

个体大小：雌性体长1.11~1.48 mm，雄性体长1.04~1.25 mm。

生态特征：常见淡水普生性种类。辽宁地区常见于池塘、河流、湖泊及水库中。

4. 近邻剑水蚤（*Cyclops vicinus*）

分类地位：节肢动物门—甲壳纲—桡足亚纲—剑水蚤目—剑水蚤科—剑水蚤属。

形态特征：雌性体型粗壮，最宽处位于头节末部。第4胸节具锐三角形后侧角。第5胸节具更明显的后侧角向两侧凸出。生殖节由前向后逐渐变细，纳精囊为椭圆形。尾叉长是宽的6~8倍，外缘近基部具一缺刻，背面具一纵隆线，内缘具短刚毛。第1触角17节，长度可达第2胸节中部。第5胸足分2节，基节斜方形，末角凸出具1根长大的羽状刚毛；末节长方形，内侧具一刺，末缘具1根羽状刚毛。

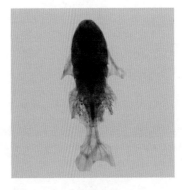

近邻剑水蚤

雄性体型略瘦小，第4~5胸节无凸出的后侧角。生殖节宽度大于长度。尾叉长约为宽的 5 倍，内缘具短刚毛。第 5 胸足与雌性相似。第 6 胸足外侧刚毛约为中间的 1.5 倍，内侧刚毛约为中间的 0.5 倍。

个体大小： 雌性体长 1.45~2.63 mm，雄性体长 1.2~1.45 mm。

生态特征： 常见的广温淡水浮游性种类，喜栖息于富营养的小型静水水体中。辽宁地区常见于鱼塘、池塘、河流滞水区、湖泊及水库沿岸带。

5. 广布中剑水蚤（*Mesocyclops leuckarti*）

分类地位： 节肢动物门—甲壳纲—桡足亚纲—剑水蚤目—剑水蚤科—中剑水蚤属。

形态特征： 雌性头胸部呈卵圆形，头节宽，中部为体最宽处。生殖节瘦长，具 1 对卵囊。尾节后缘外侧具细刺。尾叉内缘光滑无刚毛，侧缘近末端 1/3 处具侧尾毛。第 5 胸足分两节，第 1 节外末角具一羽状刚毛；第 2 节窄长，近内缘中部具一长刺。

雄性较雌性瘦小。生殖节长度略大于宽度，具 1 对精荚。尾叉呈短平行状。第 6 胸足内侧具一较粗的刺，外侧具 2 根细刚毛。

广布中剑水蚤

个体大小： 雌性体长 0.85~1.2 mm，雄性体长 0.64~0.83 mm。

生态特征： 极常见游泳性淡水种类，分布极其广泛；喜生活于水温较高的水体中；以纤毛虫、甲壳类幼体及轮虫等为食。辽宁地区常见于池塘、鱼塘、河流、湖泊及水库中；常在水丰水库中大量出现，是水丰水库中最常见、数量最大的优势种。

第三章 水丰水库环境因子特征

第一节 水丰水库水深的分布特征

水库按使用目的分为发电用水库、灌溉水库和饮用水库。水丰水库作为发电用水库，水位在春夏季节比较稳定，而在秋冬时期由于江河水量少，发电强度又增大，水位会降低到全年最低点。集雨区面积大小、降水量和蒸发量以及用水调度等是影响水位和水交换量的主要因素。随着水位的变化，水库的深度和面积也发生变化。一般水库的水位和面积分为以下几类：①正常水位，即根据水文特点和工农业需要而确定的水位，这时的面积为兴利面积；②平均水位，根据全面和生物生长期的水位平均值计算的水位，这时的面积称平均面积或实际面积；③最低水位，即在此水位以下水库不能排出水，此时的面积为最低面积。

水位的剧烈变动对水库内生物具有极大影响，水位下降会使消水区干涸，许多水生植物和底栖动物会因此死亡，许多鱼类也会因为失去产卵场而难以产卵或产卵后死亡。水库因为排出大量水也会使有机质、营养物质和浮游生物大量流失。但水位的变化也有其有利的一面，在干涸时期消水区会生长大量陆生植物；待到水位回升淹没消水区后，这些植物会死亡、腐烂、分解，从而起到肥水的作用。

一、水深的时间分布

根据 2015—2018 年对水丰水库的调查，水深随时间的变化情况如图 3-1 所示，变化范围为 2~100 m，最大值出现在 2018 年 9 月的大坝采样站位，最小值出现在 2015 年 6 月的浑江口采样站位。在三年 4 月的调查中，水深最大值出现在 2019 年 4 月的大坝，为 68.3 m；最小值出现在 2017 年的浑江口，为 2 m；各年 4 月总平均值为 34.6 m。在一年 5 月的调查中，水深最大值出现在 2017 年的大坝，为 60 m；最小值出现在 2015 年的浑江口，为 4 m；5 月平均值为 27.6 m。在三年 6 月的调查中，水深最大值出现在 2016 年的大坝，为 73 m；最小值出现在 2015 年的浑江口，为 2 m；各年 6 月总平均值为 34.7 m。在三年 8 月的调查中，水深最大值出现在 2016 年的大坝，为 75 m；最小值出现在 2017 年的浑江口，为 2 m；各年 8 月总平均值为 38.8 m。在一年 9 月的调查中，水深最大值出现在大坝，为 100 m；最小值出现在浑江口，为 22 m；9 月平均值为 57.8 m。在四年 10 月的调查中，水深最大值出现在 2019 年的大坝，为 74.7 m；最小值出现在 2015 年的浑江口，为 2 m；各年 10 月总平均值为 40.6 m。各月水深总平均值从大到小的顺序为

9月、10月、8月、6月、4月、5月。从中可以看出，水丰水库水深从4—9月递增，之后开始降低。

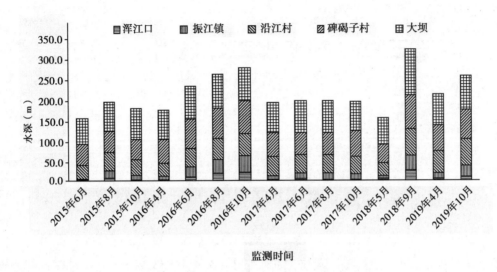

图 3-1　水丰水库各监测站位水深随时间的变化

各监测站位水深的季节平均值如图3-2所示。春季（4—5月，以下同）水深最大值出现在大坝，为64.8 m；最小值出现在浑江口，为3 m；平均值为32.8 m。夏季（6—7月，以下同）水深最大值出现在大坝，为66.3 m；最小值出现在浑江口，为5.3 m；平均值为34.7 m。秋季（8—9月，以下同）水深最大值出现在大坝，为77 m；最小值出现在浑江口，为11.5 m；平均值为43.6 m。初冬（10月，以下同）水深最大值出现在大坝，为69.7 m；最小值出现在浑江口，为7.8 m；平均值为40.6 m。各季节平均水深从大到小的顺序为秋季、初冬、夏季、春季，春季至秋季逐渐升高，之后开始降低。

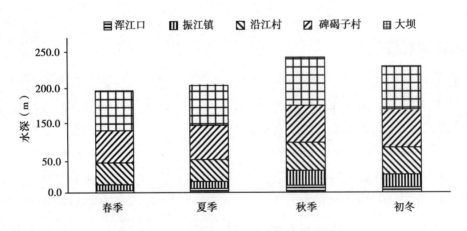

图 3-2　水丰水库各监测站位水深随季节的变化

各监测站位水深的年平均值如图3-3所示，最大值出现在2018年的大坝，为80 m；最小值出现在2015年的浑江口，为3.7 m。2015年水深最大值出现在大坝，为63 m；最小值出现在浑江口，为3.7 m；平均值为31.4 m。2016年水深最大值出现在大坝，为70.8 m；最小值出现在浑江口，为 11.5 m；平均值为 42.3 m。2017 年水深最大值出现在大坝，为 67.5 m；最小值出现在浑江口，为 2.8 m；平均值为 34.8 m。2018 年水深最大值出现在大坝，为 80 m；最小值出现在浑江口，为 13 m；平均值为 42.7 m。2019 年水深最大值出现在大坝，为 71.5 m；最小值出现在浑江口，为 5.7 m；平均值为 42 m。各年水深平均值从大到小的顺序为 2018 年、2016 年、2019 年、2017 年、2015 年。

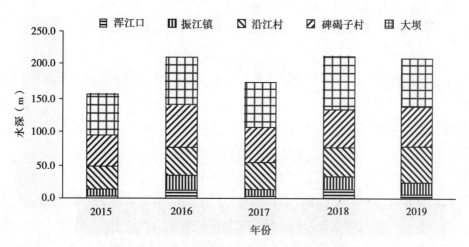

图 3-3　水丰水库各监测站位水深的年际变化

二、水深的空间分布

各季节水深的空间分布情况如图 3-4 所示。4 个季节呈现出同样的空间变化规律：浑江口至振江镇监测站位水深略有增加，振江镇至大坝逐渐增加，上升幅度较大，过程较平稳。各监测站位水深平均值从大到小的顺序为大坝（69.7 m）、碑碣子村（56.3 m）、沿江村（41.3 m）、振江镇（16.4 m）、浑江口（7.0 m）。空间分布规律为：从上游至下游逐渐增加；这是由水丰水库水下的地形地势造成的，越往下游地势越低，同时水库大坝又将库区水封闭，使整个库区水平面海拔大致相同，从而水深逐渐增大。

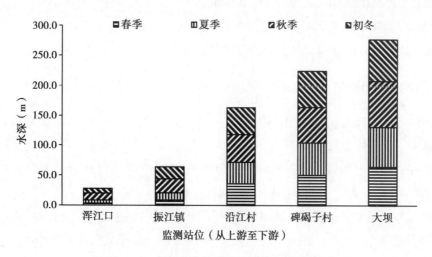

图 3-4　水丰水库各季节水深随空间的变化

第二节 水丰水库水温的分布特征

水体中的热量主要来自太阳辐射，其他热源的影响都微不足道。水温是水环境中极为重要的因素。一方面它直接影响着生物有机体的代谢强度，从而影响其生长、发育、种群数量及分布等；另一方面又影响着浮游生物食物的丰度和水体中物理、化学因子的变化，从而间接地影响着生物的生存。

动物生命仅能生存于较狭窄的温度范围内，从稍低于冰点至50℃左右，植物生存温度范围稍大些。天然水体的温度变化范围一般均小于这个幅度，因此生命广泛分布于水圈。生物就其适应的温度而言，可分为广温生物和狭温生物。广温种类按其适温类型又可分为喜温种和喜冷种。天然水域中淡水生物大多属于喜温广温种，适温多在18~28℃。喜冷种适温较低，一些在春秋大量出现的金藻和硅藻属于这一类。不过对广温生物和狭温生物的划分只是相对的，同一种生物对温度的要求常因发育阶段的不同而不同。狭温种可能在某一发育阶段对温度具有广泛的适应，广温种也可能在某一发育阶段对温度要求严苛。虽然各种生物所能忍受温度上限是不同的，但几乎所有动物都不能在高于50℃的温度下进行全部生命周期。除了少数种类外，植物一般也不能在更高的温度下正常生存。水生生物对低温具有更强的耐受力，除了暖水种外，很多种类能忍受0℃或以下的温度不被冻结。

许多生物种类的分布首先受到温度的控制，特别是极限温度的限制。一般来说，从南向北分布范围受冬季最低温度的限制，从北向南则受夏季最高温度的限制。某些情况下，温度的限制作用是间接的，温度可以通过影响某种生物的运动、摄食、食物利用、生殖率等方面的竞争力而使其被淘汰。

有机体必须在温度达到一定界限以上，才能开始生长和发育，一般把这个界限称为生物学零度。在生物学零度以上，水温的增高会加速有机体的发育；但是超出这个适温范围，升温不但不会加速其发育，甚至会起抑制作用。在一定范围内，动物的摄食和生长也随温度的增高而增强。温度与生殖的关系更是十分密切，各种水生生物只有在一定的温度范围内才能生殖。不过，生殖的温度范围通过对环境的长期适应也是可以改变的。

大量资料表明，周期性变温对水生生物的生命活动具有积极的意义。但是温度的周期性变化只有在一定的范围内才具有积极作用，否则会起到消极作用。

一、水温的时间分布

2015—2019年，水丰水库水温随时间的变化情况如图3-5所示，变化范围为7~30.9℃，总平均值为19.8℃。最高值出现在2017年8月的大坝监测站位；最低值出现在2019年4月的浑江口监测站位。在三年4月的调查中，水温最高值出现在2017年的沿江村，为10.6℃；最低值出现在2019年的浑江口，为7℃；各年4月总平均值为8.6℃。在一年5月的调查中，水温最高值出现在沿江村，为18.5℃；最低值出现在浑江口，为12.7℃；5月平均值为16.4℃。在四年6月的调查中，水温最高值出现在2015年的大坝，为26.3℃；最低值出现在2019年的浑江口，为16.5℃；各年6月总平均值为23.1℃。在一年7月的调查中，水温最高值出现在大坝，为20.5℃；

最低值出现在浑江口，为 17.6℃；7 月平均值为 19.3℃。在四年 8 月的调查中，水温最高值出现在 2017 年的大坝，为 30.9℃；最低值出现在 2015 年的浑江口，为 20.9℃；各年 8 月总平均值为 27.2℃。在一年 9 月的调查中，水温最高值出现在碑碣子村，为 25.6℃；最低值出现在浑江口，为 19.5℃；9 月平均值为 23.9℃。在五年 10 月的调查中，水温最高值出现在 2019 年的大坝，为 20.2℃；最低值出现在 2017 年的浑江口，为 15.6℃；各年 10 月总平均值为 17.9℃。各月水温总平均值从高到低的顺序为 8 月、9 月、6 月、7 月、10 月、5 月、4 月，4—8 月逐渐升高，之后开始逐渐降低。

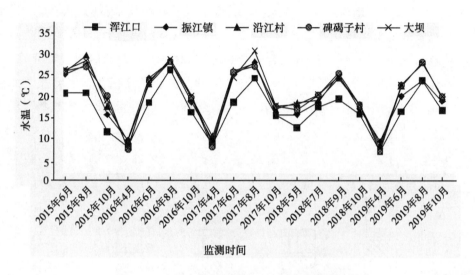

图 3-5 水丰水库各监测站位水温随时间的变化

各监测站位水温的季节平均值如图 3-6 所示，最高值出现在秋季大坝，为 28.2℃；最低值出现在春季浑江口，为 9.1℃。春季水温最高值出现在沿江村，为 11.8℃；最低值出现在浑江口，为 9.1℃；平均值为 10.5℃。夏季水温最高值出现在碑碣子村，为 23.8℃；最低值出现在浑江口，为 18.4℃；平均值为 22.4℃。秋季水温最高值出现在大坝，为 28.2℃；最低值出现在浑江口，为

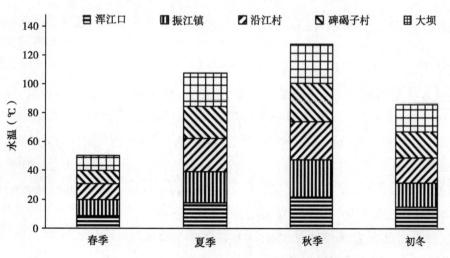

图 3-6 水丰水库各监测站位水温随季节的变化

23℃；平均值为26.6℃。初冬水温最高值出现在碑碣子村，为19.2℃；最低值出现在浑江口，为15.3℃；平均值为17.9℃。各季节水温平均值从高到低的顺序为秋季、夏季、初冬、春季。季节变化规律非常明显，春季至秋季逐渐升高至最高值，之后开始降低。

各监测站位水温的年平均值如图3-7所示。在2015年的三次调查中，水温最高值出现在8月的沿江村，为29.8℃；最低值出现在10月的浑江口，为11.7℃；年平均水温为22.8℃。在2016年的四次调查中，水温最低值出现在4月的碑碣子村，为7.4℃；最高值出现在8月的大坝，为28.9℃；年平均水温为19.5℃。在2017年的四次调查中，水温最低值出现在4月的碑碣子村，为8.1℃；最高值出现在8月的大坝，为30.9℃；年平均水温为19.4℃。在2018年的四次调查中，水温最低值出现在5月的浑江口，为12.7℃；最高值出现在9月的碑碣子村，为25.6℃；年平均水温为19.3℃。在2019年的四次调查中，水温最低值出现在4月的浑江口，为7.0℃；最高值出现在8月的沿江村，为28.3℃；年平均值为18.7℃。各年平均水温从高到低的顺序为2015年、2016年、2017年、2018年、2019年。呈逐渐降低的趋势，但变化幅度较小。

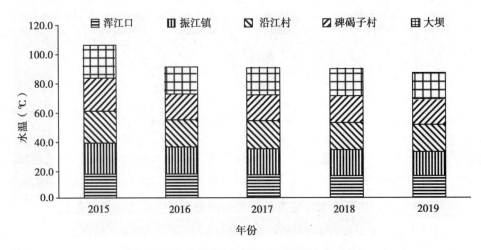

图3-7　水丰水库各监测站位水温的年际变化

二、水温的空间分布

春季水丰水库各监测站位水温随空间的变化情况如图3-8所示。2016年4月、2017年4月和2018年5月水温呈现出一致的变化规律，即从浑江口至沿江村监测站位逐渐升高；沿江村至碑碣子村开始降低，碑碣子村至大坝又略有升高。2019年4月水温变化规律与其他结果略有不同，浑江口至振江镇小幅升高，其中振江镇为5个监测站位中水温最高点；振江镇至碑碣子村逐渐降低，下降过程平稳；碑碣子村至大坝又略有升高。从中可以看出，5月水温要远远高于4月水温，说明4—5月时间段内是水丰水库水温迅速上升的时期。

夏季各监测站位水温随空间的变化情况如图3-9所示，2015年6月和2019年6月水温变化非常相似，水温值也很接近，变化曲线接近重合。具体表现为浑江口至振江镇监测站位水温明显升高；振江镇至大坝基本保持不变。2016年6月浑江口至振江镇水温明显升高；振

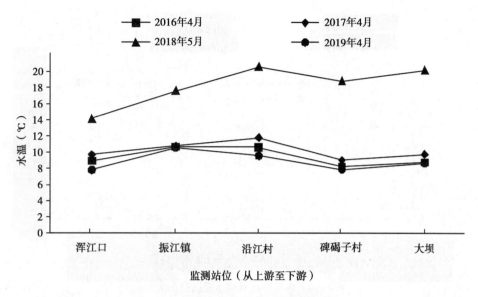

图 3-8　水丰水库春季水温随空间的变化

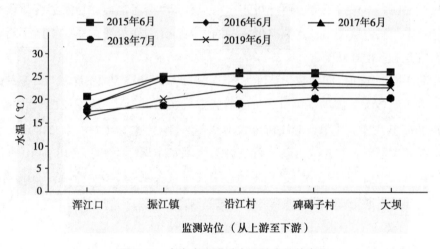

图 3-9　水丰水库夏季水温随空间的变化

江镇至沿江村略有降低；沿江村至大坝基本保持不变。2017 年 6 月浑江口至振江镇水温明显升高；振江镇至碑碣子村基本保持不变；碑碣子村至大坝略有降低。2018 年 7 月各监测站位的水温较其他年份偏低；浑江口至碑碣子村逐渐升高，上升幅度很小，过程平稳，变化曲线近直线；碑碣子村至大坝基本保持不变。由此可见，到了 7 月，水丰水库上下游水温无明显变化。

秋季各监测站位水温随空间的变化情况如图 3-10 所示。2015 年 8 月浑江口至沿江村监测站位水温逐渐升高；沿江村至碑碣子村略有降低；碑碣子村至大坝略有升高。2016 年 8 月浑江口至振江镇水温略有升高；振江镇至大坝基本保持不变。2017 年 8 月浑江口至振江镇水温略有升高；振江镇至碑碣子村逐渐降低，下降过程平稳，变化曲线呈一条直线；碑碣子村至大坝有一定程度升高。2018 年浑江口至振江镇水温小幅升高；振江镇至沿江村略有降低；沿江村至碑碣子村略有升高；碑碣子村至大坝无明显变化。2019 年浑江口至振江镇水温略有降低；振江镇至沿江村明显

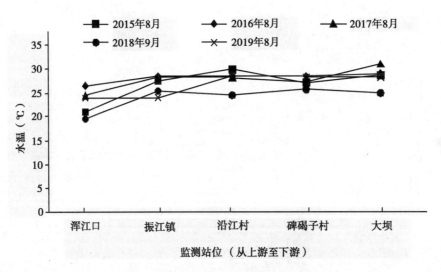

图 3-10　水丰水库秋季水温随空间的变化

升高；沿江村至大坝基本保持不变。由此可知，水丰水库秋季各监测站位水温变化很小，水温处于稳定状态。其中浑江口监测站位水温略低一些的原因是此时正处于雨季，上游不断有低温支流水注入，从而造成水温相对偏低。

　　初冬各监测站位水温随空间的变化情况如图 3-11 所示。2015 年 10 月浑江口至碑碣子村水温逐渐升高，上升幅度较大；碑碣子村至大坝略有降低。2016 年 10 月从浑江口至沿江村水温逐渐升高，上升幅度很小，过程平稳；沿江村至大坝基本保持不变。2017 年 10 月浑江口至振江镇水温略有降低；振江镇至沿江村略有升高；沿江村至大坝基本保持不变。2018 年 10 月浑江口至沿江村水温逐渐降低，上升幅度很小，过程平稳；沿江村至大坝基本保持不变。2019 年 10 月水温变化与 2016 年 10 月非常相近，变化曲线几乎重合。

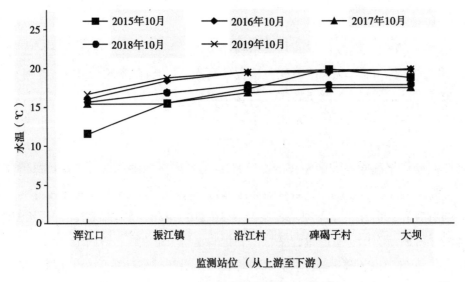

图 3-11　水丰水库初冬水温随空间的变化

第三节　水丰水库透明度分布特征

水体透明度是指水能使光线透过的程度，表示水的清澈程度，是水质评价指标之一。影响湖水透明度的因素主要有光照强度、悬浮物浓度和浮游生物丰度。太阳光照强度越大，射入水中的光量越多，透明度就越大；反之越小。水中的悬浮物和浮游生物越多，吸收和散射的光能就越多，透明度就越小。另外，入水径流、风力大小和季节变化对透明度也有一定影响。透明度的日变，取决于悬浮物质浓度和浮游生物丰度变化规律。一般是中午透明度较大而早晚较小。透明度的年度变化具有周期性规律，这与悬移物质如泥沙、溶解质和浮游生物的生长情况相关。富营养水体的透明度冬季大于夏季，贫营养水体则夏季大于冬季，封冻时期冬季小于秋季。透明度的地理分布一般是山区湖泊大于平原湖泊。

在自然淡水水体中，由于透明度比较低，自养型植物一般生活在水深 30 m 以上，但这个界限因水的透明度不同而有很大差别，在某些透明度很大的山地湖泊中可达 75 m，而在某些透明度很小的平原型湖泊仅为 1~2 m。

光是最重要的生态因子之一。地球上几乎所有生命都需要依靠太阳辐射带来的能量来维持生命活动。对水体来说，太阳辐射不仅带来光照，还直接产生热效应，为浮游生物提供能量的来源。

光对浮游生物来说具有特别重要的生态意义。浮游植物的光合作用和色素的形成都需要光。水体中光照条件远远不及地表，即使在上层水体，光强也比空气中小得多，深层水则接近黑暗或永远黑暗。浮游植物光合作用的强度会随光照强度的变化而改变。在一定范围内增加光照强度会加快光合作用，但如果超出一定限度，增加光照强度不但不会增加光合作用速度，反而会使其减弱甚至停止。浮游植物光合作用的最适照度一般不超过 10 000~20 000 lx，喜荫种的饱和光强较低，在全日照的 5%~6% 时即达到光饱和。喜光种则高得多，在全日照的 20%~30% 以内时与光强成正比，到全日照的 50%~60% 时才达到光饱和。

藻类的最适光强一般会随温度的升高而升高。光照过度会伤害藻类。光的抑制作用还与作用时间、光谱组成等因素有关。有关资料表明，光照条件好的白天，表层水的光照强度对藻类有抑制作用；但某些藻类例如鞭毛藻和一些蓝藻不会停留在水面，而是进行垂直洄游并选择适宜光照的区域；不能游动的藻类也会随着垂直水流的升降而做上下沉浮运动。因此，水面过强的光照实际上对藻类没有太大影响。藻类色素对光照强度的变化也具有适应性。某些硅藻生活在水表层时，色素体集中在细胞中心，在深层水时则分布在细胞周围。很多种蓝藻在缺氮时因叶绿素和藻蓝素受到破坏而类胡萝卜素仍保留，使藻体呈黄褐色。当氮含量增加后又迅速恢复到原有颜色。

藻类进行光合作用时并不能利用光谱中所有波长的光能，仅是大部分可见光能被其色素吸收和利用；这部分也叫生理有效辐射，占太阳总辐射的 40%~50%。通常水下光照是不足的，光的强度会随深度的增加迅速减弱，而且光的质量也会发生变化。在光合作用中最被强烈吸收的红色光线在水表层就会被水吸收，较深水层会缺乏叶绿素所需的红色光线，而深层水存在的绿色光又是叶绿素难以利用的，所以许多藻类进化出来各种辅助色素。如硅藻、褐藻、甲藻除了含有一种或几种叶绿素外，还具有各种类胡萝卜素来利用深层水中的绿色光能和蓝色光能。类胡萝卜素除了能把吸收的光能传递给叶绿素外，还能保护藻类免受光的分解。

光对浮游动物同样具有重要的意义，一方面光通过影响浮游植物和其他环境因子对其产生间接影响；另一方面也会直接起到信号作用，对其行为和生理上产生影响。光是某些动物生活中所必需的环境因子之一，一般动物幼龄较高龄更具有趋光性，例如桡足类的无节幼体大多作趋光运动，而成体对光常无感应。很多资料表明，浮游动物雌体较雄体更具有趋光性。某些动物当代谢作用增强时会产生背光运动，当代谢作用减弱时则会产生趋光运动。通常降温会促进动物的趋光性，升温则会使其从趋光运动转为背光运动。

一、透明度的时间分布

水丰水库各监测站位透明度随时间的变化情况如图 3-12 所示，最大值出现在 2018 年 5 月，为 6 m，最小值出现在 2017 年 4 月，为 0.3 m，总平均值为 2.6 m。在三年 4 月的调查中，透明度最大值出现在 2017 年的碑碣子村，为 4.0 m；最小值出现在 2017 年的浑江口，为 0.3；各年 4 月总平均值为 2.2 m。在一年 5 月的调查中，透明度最大值出现在碑碣子村，为 6 m，最小值出现在振江镇，为 0.9 m，5 月平均值为 4 m。在四年 6 月的调查中，透明度最大值出现在 2017 年的沿江村，为 4.3 m；最小值出现在 2019 年的振江镇，为 1.5 m；各年 6 月总平均值为 2.7 m。在一年 7 月的调查中，透明度最大值出现在大坝，为 3.8 m；最小值出现在浑江口，为 1.3 m；7 月平均值为 2.5 m。在四年 8 月的调查中，透明度最大值出现在 2017 年的碑碣子村，为 2.5 m；最小值出现在 2016 年的沿江村，为 0.6 m，各年 8 月总平均值为 1.6 m。在一年 9 月的调查中，透明度最大值出现在碑碣子村，为 2.5 m；最小值出现在浑江口，为 0.8 m；9 月平均值为 1.8 m。在五年 10 月的调查中，透明度最大值出现在 2018 年的大坝，为 5.7 m，最小值出现在 2018 年的浑江口，为 0.6 m；各年 10 月总平均值为 3.4 m。各月透明度平均值从大到小的顺序为 5 月、10 月、6 月、7 月、4 月、9 月、8 月。8 月和 9 月透明度较低是因为这段时间是浮游生物生长最旺盛的时期，大量的浮游生物会降低水体透明度；此时也是渔业投饵最频繁的时期，大量残饵也会降低水体透

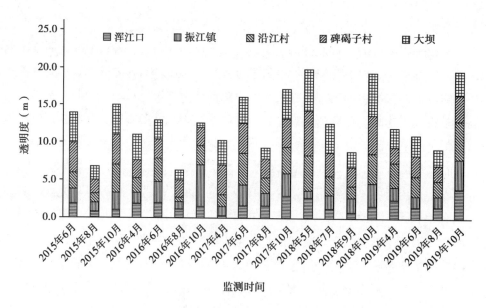

图 3-12　水丰水库各监测站位透明度随时间的变化

明度。

各监测站位透明度的季节平均值分布情况如图 3-13 所示，最大值出现在初冬沿江村监测站位，为 3.8 m；最小值出现在秋季浑江口监测站位，为 1.2 m。春季透明度最大值出现在大坝，为 3.7 m；最小值出现在振江镇，为 1.3 m；平均值为 2.7 m。夏季透明度最大值出现在大坝，为 3.3 m；最小值出现在浑江口，为 1.7 m；平均值为 2.7 m。秋季透明度最大值出现在碑碣子村，为 2.2 m；最小值出现在浑江口，为 1.2 m；平均值为 1.6 m。初冬透明度最大值出现在沿江村，为 3.8 m；最小值出现在沿江村，为 2.3 m；平均值为 3.4 m。各季节透明度平均值从大到小的顺序为初冬、春季、夏季、秋季。形成此规律的原因为：春季至秋季，浮游生物大量繁殖，数量增大，会使透明度降低；同时网箱养殖的大量投饵也是使透明度降低的主要原因。

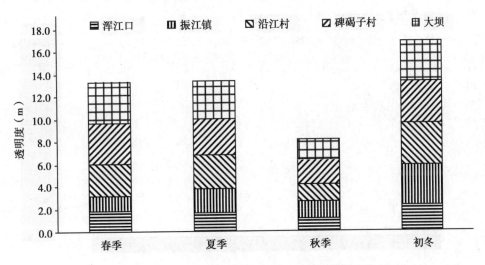

图 3-13 水丰水库各监测站位透明度随季节的变化

各监测站位透明度的年平均值分布情况如图 3-14 所示，最大值出现在 2018 年的大坝，为 4.3 m；最小值出现在 2015 年的浑江口，为 1.3 m。2015 年透明度最大值出现在大坝，为 3.3 m；最小值出现在浑江口，为 1.3 m；平均值为 2.4 m。2016 年透明度最大值出现在振江镇，为 2.7 m；

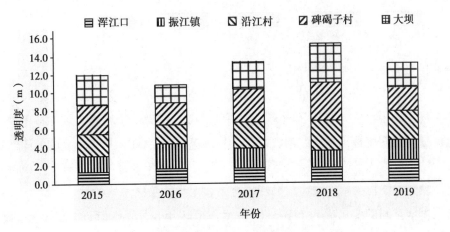

图 3-14 水丰水库各监测站位透明度的年际变化

最小值出现在浑江口，为1.7 m；平均值为2.2 m。2017年透明度最大值出现在碑碣子村，为3.6 m；最小值出现在浑江口，为1.7 m；平均值为2.7 m。2018年透明度最大值出现在大坝，为4.3 m；最小值出现在浑江口，为1.7 m；平均值为3 m。2019年透明度最大值出现在沿江村，为3.2 m；最小值出现在振江镇，为2.2 m；平均值为2.6 m。各年透明度平均值从大到小的顺序为2018年、2017年、2019年、2015年、2016年。

二、透明度的空间分布

春季水丰水库透明度随空间的变化情况如图3-15所示。2016年4月浑江口至振江镇透明度略有减小；振江镇至大坝透明度逐渐增大，上升幅度不大，这可能是因为此段时间内没有大量上游水流入，水体处于相对稳定状态，上下游差别不大。2017年4月浑江口至碑碣子村透明度逐渐增大；碑碣子村至大坝有一定程度的减小。2018年5月浑江口至振江镇透明度逐渐减小；振江镇至碑碣子村逐渐增大；碑碣子村至大坝略有减小。2019年4月浑江口至振江镇透明度有一定程度的减小；振江镇至沿江村开始增大；沿江村至碑碣子村开始减小；碑碣子村至大坝略有增大，总体呈现高低起伏的趋势。

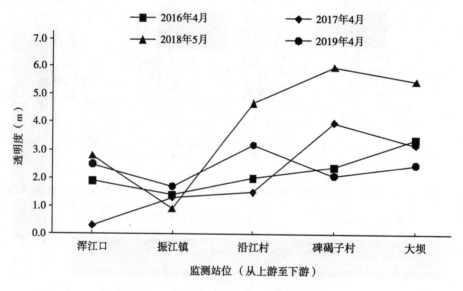

图3-15 水丰水库春季透明度随空间的变化

夏季透明度随空间的变化情况如图3-16所示。2015年6月浑江口至沿江村透明度几乎没有变化；沿江村至碑碣子村有大幅度的增大；碑碣子村至大坝略有增大。2016年6月浑江口至沿江村透明度逐渐增大；沿江村至碑碣子村有一定幅度的减小；碑碣子村至大坝保持不变。2017年6月浑江口至沿江村透明度逐渐增大，沿江村至大坝逐渐减小。2018年7月上游的浑江口至下游的大坝透明度缓慢平稳增大，变化曲线几乎呈一条直线。2019年6月浑江口至振江镇透明度没有明显变化，振江镇至沿江村大幅度增大，振江镇至大坝无明显变化。

秋季透明度随空间的变化情况如图3-17所示。2015年8月浑江口至振江镇透明度小幅增大；振江镇至沿江村无明显变化；沿江村至碑碣子村逐渐增大；碑碣子村至大坝无明显变化。2016年

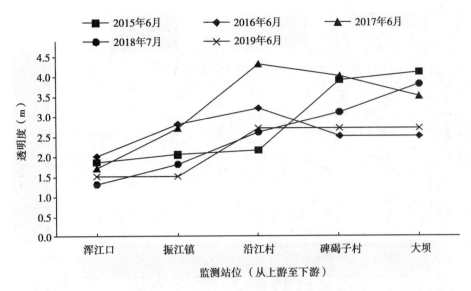

图 3-16　水丰水库夏季透明度随空间的变化

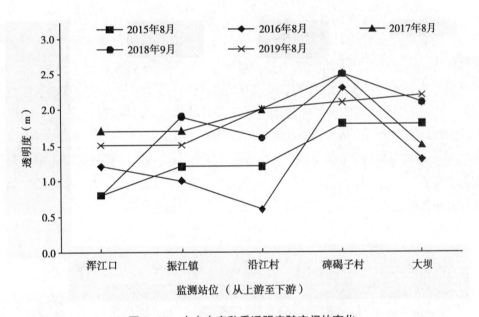

图 3-17　水丰水库秋季透明度随空间的变化

8 月浑江口至沿江村透明度逐渐减小；沿江村至碑碣子村大幅增大，碑碣子村至大坝大幅度减小。2017 年 8 月浑江口至振江镇透明度无明显变化；振江镇至碑碣子村平稳上升；碑碣子村至大坝急剧减小。2018 年 9 月浑江口至振江镇透明度逐渐增大；振江镇至沿江村逐渐减小；沿江村至碑碣子村逐渐增大；碑碣子村至大坝又开始减小。2019 年 8 月浑江口至振江镇透明度无明显变化；振江镇至大坝逐渐平稳增大。

初冬透明度随空间的变化情况如图 3-18 所示。2015 年 10 月浑江口至沿江村透明度逐渐增大，沿江村至大坝无明显变化。2016 年 10 月浑江口至振江镇透明度大幅度增大，振江镇至沿江村大幅度减小；沿江村至碑碣子村无明显变化；碑碣子村至大坝大幅度减小。2017 年 10 月浑江口至振江镇透明度无明显变化；振江镇至大坝逐渐减小，下降幅度很小，过程平稳。2018 年 10 月上

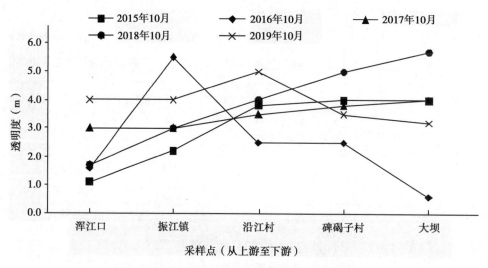

图 3-18　水丰水库初冬透明度随空间的变化

游浑江口至下游大坝透明度逐渐增大，变化曲线趋近一条直线。2019 年 10 月浑江口至振江镇透明度无明显变化；振江镇至沿江村有所增大；沿江村至大坝逐渐减小。

　　影响透明度的因素有很多，例如浮游生物的密度、泥沙的悬浮量、水体扰动底泥的动力、养殖投饵量等。因此，水丰水库的透明度呈现出复杂多变的状态，但地理分布也有一定规律，上游至下游各监测站位平均透明度从大到小的顺序为碑碣子（3.2 m）、大坝（3.0 m）、沿江村（2.8 m）、振江镇（2.2 m）、浑江口（1.8 m）。从图 3-19 中可以看出，上游至下游透明度逐渐增大，这可能与水体动力学有关，下游水深逐渐增大，水体稳定性逐渐增强，底质泥沙受水流的扰动影响就会减弱，因此透明度会增大。

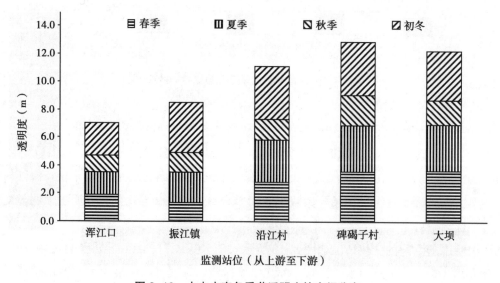

图 3-19　水丰水库各季节透明度的空间分布

第四节 水丰水库 pH 的分布特征

pH（氢离子浓度）对水生生物同样具有重要的生态意义。天然水的 pH 值一般在 4~10，特殊情况可达 0.9~12。一般淡水水体由于二氧化碳平衡体系的缓冲作用，多在 6~9 之间变化，有时由于浮游植物强烈的光合作用，pH 值在午后一段时间可达 9~10 以上。按 pH 划分内陆水体可分为三类：中碱性水体（pH 值 6~10）、酸性水体（pH 值 <5）、碱性水体（pH 值 >9）。

水生生物与 pH 的关系可分为狭酸碱性生物和广酸碱性生物。常见的淡水生物都属于第一类。通常酸性条件对动物的代谢作用是不利的。pH 的变化也会影响动物的摄食，通常在酸性条件下，鱼类的食物吸收率会降低。pH 的变化对浮游生物的繁殖和发育也有重要的影响。各种生物的生殖所要求的最适 pH 也不相同。很多动物在 pH 过高或过低时都发育不良。pH 对有机体的影响与溶解气体及某些离子浓度有关。

天然水体中 pH 是水的化学性质和生物活动综合作用的结果。因此，在研究 pH 与生物关系时必须注意与之有关的因素和 pH 变化带来的其他因素的反应。例如，自然条件下，pH 的降低会伴随着二氧化碳含量的增加和溶解氧的降低，很多动物在酸性水体中不能忍受低氧环境。此时，水体中的溶解氧、二氧化碳和 pH 对水生生物同时造成了影响。此外，在 pH 降低和缺氧状态下，其他的不利因素如硫化氢等会同时产生。因此，pH 可作为评价水体综合性质的指标。

一、pH 的时间分布

调查期间，水丰水库各监测站位的 pH 随时间的变化情况如图 3-20 所示，最高值出现在 2018 年 8 月，为 9.69，最低值出现在 2019 年 6 月，为 6.8，总平均值为 8.17。在三年 4 月的调查中，pH 最高值出现在 2016 年的浑江口，为 8.5；最低值出现在 2017 年的碑碣子村，为 7.1；各年 4 月总平均值为 7.7。在一年 5 月的调查中，pH 最高值出现在碑碣子村，为 8.0；最低值出现在浑江口；为 7.8，5 月平均值为 7.9。在四年 6 月的调查中，pH 最高值出现在 2017

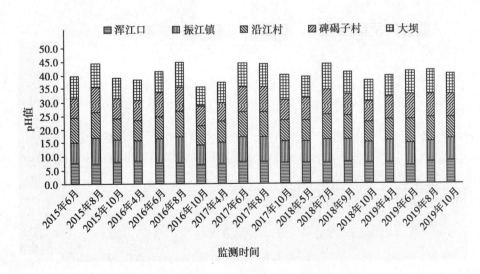

图 3-20 水丰水库各监测站位 pH 随时间的变化

年的振江镇，为9.3；最低值出现在2019年的浑江口，为6.8；各年6月总平均值为8.3。在一年7月的调查中，pH最高值出现在大坝，为9.5；最低值出现在浑江口，为8；7月平均值为8.8。在四年8月的调查中，pH最高值出现在2016年的振江镇，为9.7；最低值出现在2019年的振江镇，为7.4；各年8月总平均值为8.8。在一年9月的调查中，pH最高值出现在沿江村，为8.6；最低值出现在碑碣子村，为8；9月平均值为8.3。在五年10月的调查中，pH最高值出现在2017年的大坝，为9.2；最低值出现在2018年的沿江村，为7.4；各年10月总平均值为7.7。pH各月总平均值从高到低的顺序为7月和8月、6月和9月、5月、4月和10月，从图3-20中可以看出明显的变化规律，从4月至7—8月逐渐增高，达到全年最高值；8—10月又逐渐下降；这可能与浮游植物光合作用有关，4—7月浮游植物密度逐渐增加，光合作用产氧量和二氧化碳消耗量也增加，从而影响pH值。

各监测站位pH的季节平均值如图3-21所示，最高值出现在秋季沿江村，为9；最低值出现在初冬沿江村，为7.5。春季pH最高值出现在浑江口，为8；最低值出现在碑碣子村，为7.6；平均值为7.7。夏季pH最高值出现在沿江村，为8.9；最低值出现在浑江口，为7.7；平均值为8.4。秋季pH最高值出现在沿江村，为9；最低值出现在浑江口，为8；平均值为8.7。初冬pH最高值出现在浑江口，为8；最低值出现在沿江村，为7.5；平均值为7.7。各季节pH平均值从高到低的顺序为秋季、夏季、春季、初冬。春季至秋季pH逐渐升高至最高值，之后开始降低。这也与浮游植物的光合作用产生氧和消耗二氧化碳有关。

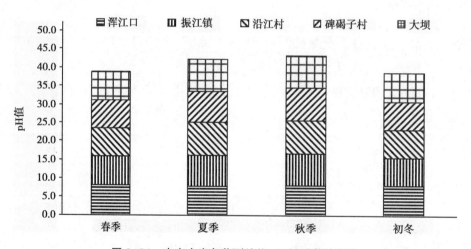

图3-21　水丰水库各监测站位pH随季节的变化

各监测站位pH的年平均值如图3-22所示，最高值出现在2015年的沿江村，为8.7；最低值出现在2016年的浑江口，为7.7。2015年pH最高值出现在沿江村，为8.7；最低值出现在碑碣子村，为8；平均值为8.22。2016年pH最高值出现在振江镇，为8.3；最低值出现在浑江口，为7.7；平均值为8。2017年pH最高值出现在大坝，为8.6；最低值出现在浑江口，为8；平均值为8.3。2018年pH最高值出现在大坝，为8.3；最低值出现在浑江口，为7.9；平均值为8.1。2019年pH最高值出现在碑碣子村，为8.5；最低值出现在浑江口，为7.9；平均值为8.2。各年pH平均值从高到低的顺序为2017年、2015年、2019年、2018年、2016年。

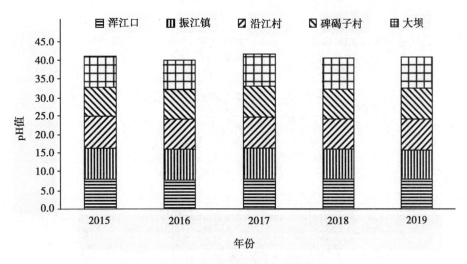

图 3-22　水丰水库各监测站位 pH 的年际变化

二、pH 的空间分布

春季水丰水库 pH 随空间的变化情况如图 3-23 所示。2016 年 4 月浑江口至振江镇 pH 有一定程度的降低；振江镇至大坝基本保持不变。2017 年 4 月浑江口至沿江村 pH 基本保持不变；沿江村至碑碣子村略有降低；碑碣子村至大坝略有升高。2018 年 5 月和 2019 年 4 月 pH 没有太大变化，两年的变化曲线接近重合。总体上说，水丰水库春季 pH 比较稳定，时间和空间上差异性不大。

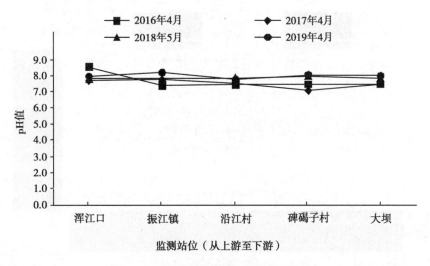

图 3-23　水丰水库春季 pH 随空间的变化

夏季水丰水库 pH 随空间的变化情况如图 3-24 所示。2015 年 6 月各监测站位 pH 变化曲线呈波浪起伏状，浑江口至振江镇 pH 有较大程度的降低，振江镇至沿江村有较大幅度的升高；沿江村至碑碣子村有较大程度的降低；碑碣子村至大坝又有较大幅度的升高。2016 年 6 月浑江口至振江镇 pH 略有升高；振江镇至沿江村略有降低；沿江村至碑碣子村基本保持不变；碑碣子村至大

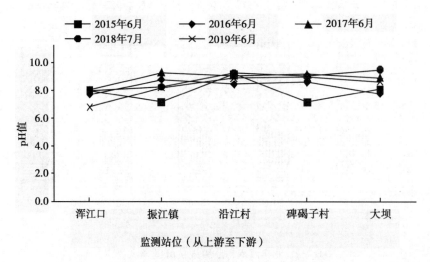

图 3-24　水丰水库夏季 pH 随空间的变化

坝有一定程度的降低。2017 年 6 月浑江口至振江镇 pH 有一定程度的升高；振江镇至大坝呈小幅缓慢的降低。2018 年 7 月浑江口至振江镇 pH 基本保持不变；振江镇至沿江村有一定程度的升高；沿江村至碑碣子村基本保持不变；碑碣子村至大坝略有升高。2019 年 6 月浑江口至碑碣子村 pH 逐渐升高，过程平稳；碑碣子村至大坝略有降低。

　　秋季水丰水库 pH 随空间的变化情况如图 3-25 所示。2015 年 8 月和 2016 年 8 月各监测站位的 pH 变化曲线几乎重合；浑江口至振江镇有一定程度的升高，振江镇至大坝基本保持不变。2017 年 8 月浑江口至振江镇 pH 略有升高；振江镇至大坝基本保持不变。2018 年 9 月浑江口至沿江村 pH 基本保持不变；沿江村至碑碣子村略有降低；碑碣子村至大坝略有升高。2019 年 8 月浑江口至振江镇 pH 有一定程度的降低；振江镇至沿江村又有一定程度的升高；沿江村至大坝基本保持不变。总体上水丰水库春季和秋季 pH 随空间变化情况相近，表现为 pH 比较稳定，差异性不大。

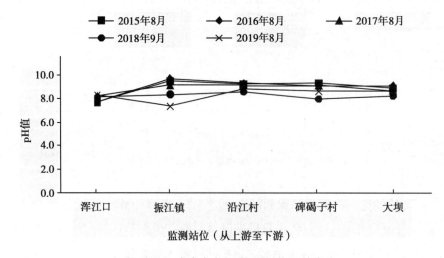

图 3-25　水丰水库秋季 pH 随空间的变化

初冬水丰水库 pH 随空间的变化情况如图 3-26 所示。2015 年 10 月浑江口至沿江村 pH 逐渐降低，下降过程平稳，幅度较小；沿江村至大坝基本保持不变。2016 年 10 月各监测站位 pH 基本没有变化，且比其他年份低。2017 年 10 月浑江口至沿江村 pH 略有降低；沿江村至碑碣子村基本保持不变；碑碣子村至大坝有较大程度的升高。2018 年 10 月浑江口至振江镇 pH 略有降低；振江镇至大坝基本保持不变。2019 年 10 月浑江口至碑碣子村 pH 基本保持不变；碑碣子村至大坝略有升高。水丰水库初冬季节各监测站位 pH 比较稳定，时间和空间上差异不大。

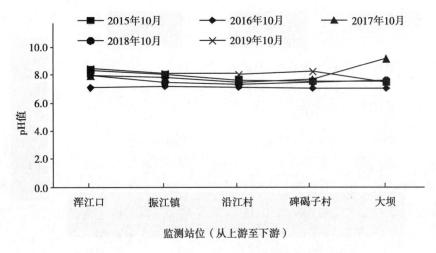

图 3-26 水丰水库初冬 pH 的空间变化

pH 季节平均值的空间分布情况如图 3-27 所示。各监测站位 pH 平均值从高到低的顺序为沿江村（8.3）、大坝（8.2）、碑碣子（8.19）、振江镇（8.18）、浑江口（7.9），空间上差异很小。

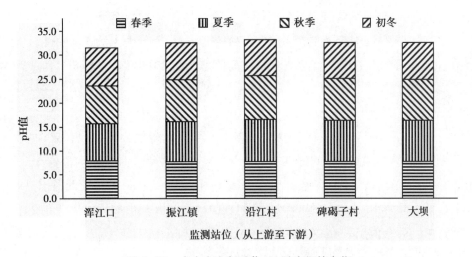

图 3-27 水丰水库各季节 pH 随空间的变化

第五节　水丰水库溶解氧含量分布特征

溶解氧（DO）含量对水生生物具有非常重要的意义。它直接决定着大多数水生生物的生存。绝大多数生物都需要氧来进行呼吸作用，缺氧会直接导致其死亡，仅在少数情况下，氧过多对水生生物造成危害。

水中氧的主要来源是大气溶解和水生植物的光合作用。在贫营养型水体中，浮游植物较少，大气溶解是氧的主要来源；但是如果没有水团的各种混合，气体在水中扩散的很慢，这种作用只限于水体表面。仅凭扩散作用不可能维持水中的需氧量。在富营养型水体中，浮游植物的光合作用是氧的主要来源，大气溶解仅起很小作用。

水生动物的呼吸作用需要大量的氧。白天浮游植物在进行光合作用的同时也进行呼吸作用，不过呼吸强度远低于光合强度，但到了夜间，藻类的呼吸作用就对水中的氧影响很大。此外，细菌的呼吸作用也是氧消耗的重要因素。

生物的呼吸强度与物种属性、年龄、体质量、发育期、性别、生理状况、溶氧量、水温、盐度、pH、水流、水质状况、光照等多个因素相关。不同的物种呼吸强度是不同的。一般来说，形体越小，呼吸强度越大。同一种生物的呼吸强度和其年龄或个体大小有一定关系。动物在活动状态时的耗氧率远高于静止时。动物在消化过程中需要消耗大量的氧。呼吸强度还因性别和发育期的不同而有变化。生物的呼吸作用对氧含量的变化有不同的反应。在一定温度范围内，升高温度会加强呼吸强度。盐度也会影响动物的耗氧率，但情况比较复杂。个别离子成分也能影响动物的呼吸强度。很多动物在流水中耗氧率也增大。不过呼吸强度和环境因素的关系可能因动物的适应性不同而改变。

一、溶解氧含量的时间分布

水丰水库各监测站位的溶解氧含量随时间的变化情况如图3-28所示，最高值出现在2015年8月的振江镇，为15.3 mg/L，最低值出现在2018年9月的大坝，为5.5 mg/L，总平均值为9.4 mg/L。在三年4月的调查中，溶解氧含量最高值出现在2016年的浑江口，为13.8 mg/L；最低值出现在2017年的浑江口，为10.7 mg/L；各年4月总平均值为12 mg/L。在一年5月的调查中，溶解氧含量最高值出现在碑碣子村，为10 mg/L；最低值出现在大坝，为9.3 mg/L；5月平均值为9.7 mg/L。在四年6月的调查中，溶解氧含量最高值出现在2016年的振江镇，为11.4 mg/L；最低值出现在2015年的振江镇，为8.2 mg/L；各年6月总平均值为9.5 mg/L。在一年7月的调查中，溶解氧含量最高值出现在碑碣子村，为11.1 mg/L；最低值出现在大坝，为9.2 mg/L；7月平均值为10 mg/L。在四年8月调查中，溶解氧含量最高值出现在2015年的振江镇，为15.3 mg/L；最低值出现在2019年的大坝，为7.9 mg/L；各年8月总平均值为9.6 mg/L。在一年9月的调查中，溶解氧含量最高值出现在振江镇，为9 mg/L；最低值出现在大坝，为5.5 mg/L；9月平均值为7.8 mg/L。在五年10月调查中，溶解氧含量最高值出现在2015年的浑江口，为11.4 mg/L；最低值出现在2018年的大坝，为6.2 mg/L；各年10月总平均值为7.9 mg/L。各月溶解氧含量总平均值从高到低的顺序为4月、7月、5月、8月、6月、10月、9月。

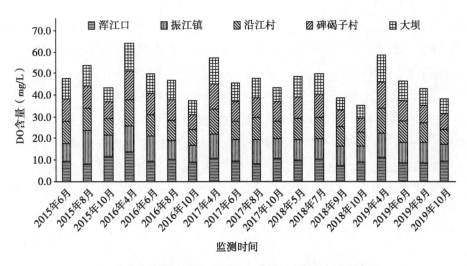

图 3-28　水丰水库各监测站位溶解氧含量随时间的变化

根据《地表水环境质量标准（GB 3838—2002）》，各月溶解氧含量都达到Ⅰ类水质量标准。溶解氧含量的高低和许多因素有关，例如浮游植物的光合作用会产生氧；夜间浮游植物呼吸作用会消耗水中溶解氧；浮游动物呼吸作用也会消耗溶解氧；水体表面的风浪会使空气中的氧气溶解于水，增加溶解氧含量；水产养殖活动投饵后的残饵分解会消耗溶解氧；养殖鱼类和天然鱼类呼吸作用会消耗溶解氧；鲢滤食浮游植物会减少氧的产生；鳙滤食浮游动物会减少氧的消耗；因此溶解氧受复杂因素的影响而无法表现出明显的时间分布规律。

各监测站位溶解氧含量的季节平均值如图 3-29 所示，最高值出现在春季碑碣子村，为 11.8 mg/L；最低值出现在初冬大坝，为 6.6 mg/L。春季溶解氧含量最高值出现在碑碣子村，为 11.8 mg/L；最低值出现在振江镇，为 11 mg/L；平均值为 11.4 mg/L。夏季溶解氧含量最高值出现在碑碣子村，为 11 mg/L；最低值出现在大坝，为 9.1 mg/L；平均值为 9.6 mg/L。秋季溶解氧含量最高值出现在振江镇，为 10.9 mg/L；最低值出现在大坝，为 8.2 mg/L；平均值为 9.2 mg/L。初冬溶解氧含量最高值出现在浑江口，为 9.8 mg/L；最低值出现在大坝，为 6.6 mg/L；平均值为 7.9 mg/L。各季节溶解氧含量平均值从高到低的顺序为春季、夏季、秋季、初冬，随季节逐渐降低。

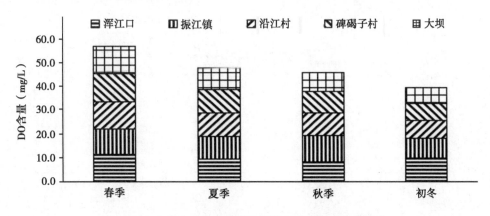

图 3-29　水丰水库各监测站位溶解氧含量随季节的变化

　　各监测站位溶解氧含量的年平均值如图 3-30 所示，最高值出现在 2015 年的振江镇，为 11.1 mg/L；最低值出现在 2018 年的大坝，为 7.5 mg/L 。2015 年溶解氧含量最高值出现在振江镇，为 11.1 mg/L；最低值出现在大坝，为 8.4 mg/L；平均值为 9.7 mg/L。2016 年溶解氧含量最高值出现在浑江口，为 10.6 mg/L；最低值出现在大坝，为 9.5 mg/L；平均值为 9.9 mg/L。2017 年溶解氧含量最高值出现在振江镇，为 10.4 mg/L；最低值出现在大坝，为 9.1 mg/L；平均值为 9.7 mg/L。2018 年溶解氧含量最高值出现在浑江口，为 9 mg/L；最低值出现在大坝，为 7.5 mg/L；平均值为 8.6 mg/L。2019 年溶解氧含量最高值出现在振江镇，为 9.6 mg/L；最低值出现在大坝，为 9 mg/L；平均值为 9.3 mg/L。各年溶解氧含量平均值从高到低的顺序为 2016 年、2017 年、2015 年、2019 年、2018 年。

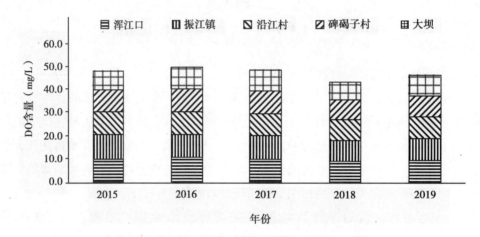

图 3-30　水丰水库各监测站位溶解氧含量的年际变化

二、溶解氧含量的空间分布

　　春季水丰水库溶解氧含量随空间的变化情况如图 3-31 所示。2016 年 4 月浑江口至振江镇溶解氧含量有一定程度的降低；振江镇至沿江村基本没有变化；沿江村至碑碣子村略有升高；碑碣

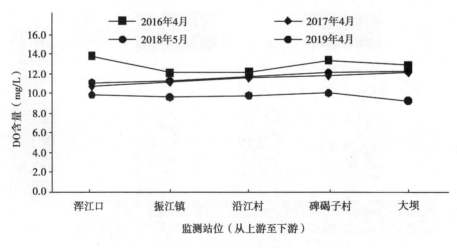

图 3-31　水丰水库春季溶解氧含量随空间的变化

子村至大坝略有降低。2017 年 4 月和 2019 年 4 月溶解氧含量变化曲线几乎重合，变化趋势同为：随空间变化逐渐升高，上升幅度很小，过程平稳，变化曲线呈一条直线。2018 年 5 月浑江口至碑碣子村溶解氧含量无明显变化；碑碣子村至大坝略有降低。各监测站位溶解氧含量从高到低的顺序为 2016 年 4 月、2019 年 4 月、2017 年 4 月、2018 年 5 月。

夏季水丰水库溶解氧含量随空间的变化情况如图 3-32 所示。2015 年 6 月浑江口至振江镇溶解氧含量有一定程度的降低；振江镇至沿江村有一定程度的升高；沿江村至碑碣子村无明显变化；碑碣子村至大坝有一定程度的降低。2016 年 6 月浑江口至振江镇溶解氧含量有一定程度的升高；振江镇至沿江村有一定程度的降低；沿江村至碑碣子村无明显变化；碑碣子村至大坝略有下降。2017 年 6 月浑江口至振江镇溶解氧含量略有升高；振江镇至沿江村有一定程度的降低；沿江村至大坝无明显变化。2018 年 7 月浑江口至振江镇溶解氧含量有一定程度的降低；振江镇至碑碣子村逐渐升高。碑碣子村至大坝有明显的降低。2019 年 6 月浑江口至沿江村溶解氧含量逐渐升高，上升过程平稳，变化曲线近似直线；沿江村至大坝逐渐降低，下降过程平稳，变化曲线近似直线。

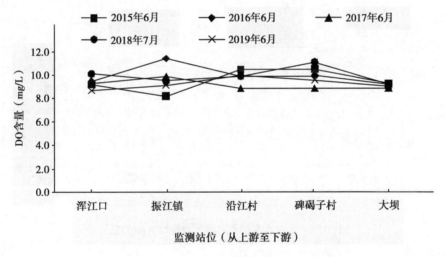

图 3-32 水丰水库夏季溶解氧含量随空间的变化

秋季水丰水库溶解氧含量随空间的变化情况如图 3-33 所示。2015 年 8 月浑江口至振江镇溶解氧含量大幅度升高；振江镇至沿江村大幅度降低；沿江村至碑碣子村无明显变化；碑碣子村至大坝略有降低。2016 年 8 月浑江口至振江镇溶解氧含量明显降低；振江镇至大坝逐渐升高，上升过程比较平稳。2017 年 8 月浑江口至振江镇溶解氧含量明显升高；振江镇至大坝逐渐降低，下降过程比较平稳，变化曲线近似直线。2018 年 9 月浑江口至振江镇溶解氧含量明显升高；振江镇至沿江村略有升高；沿江村至大坝逐渐降低。2019 年 8 月溶解氧含量变化规律与 2017 年 8 月相似，表现为浑江口至振江镇明显升高；振江镇至大坝逐渐降低，下降过程平稳，变化曲线近似直线。秋季各监测站位溶解氧含量总体上表现为浑江口至振江镇逐渐升高，振江镇至大坝逐渐降低。

初冬水丰水库溶解氧含量随空间的变化情况如图 3-34 所示。2015 年 10 月浑江口至沿江村溶解氧含量大幅度降低，下降过程比较平稳；沿江村至碑碣子村略有降低；碑碣子村至大坝明

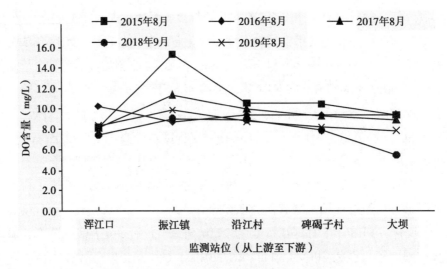

图 3-33 水丰水库秋季溶解氧含量随空间的变化

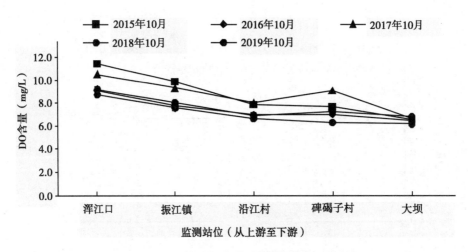

图 3-34 水丰水库初冬溶解氧含量随空间的变化

显降低。2016 年 10 月和 2019 年 10 月溶解氧含量的变化曲线几乎重合，表现为浑江口至沿江村逐渐降低，下降过程非常平稳，变化曲线近似直线；沿江村至碑碣子村无明显变化；碑碣子村至大坝略有降低。2017 年 10 月浑江口至沿江村溶解氧含量逐渐降低，下降过程比较平稳；沿江村至碑碣子村明显升高；碑碣子村至大坝明显降低。2018 年 10 月浑江口至大坝溶解氧含量逐渐降低，下降过程平稳，变化曲线近似直线；沿江村至大坝略有降低，下降幅度很小，过程平稳，变化曲线呈一条直线。初冬各监测站位溶解氧变化总体上表现为从上游至下游逐渐降低。

溶解氧含量季节平均值的空间分布情况如图 3-35 所示。各监测站位溶解氧含量平均值从高到低的顺序为振江镇（9.9 mg/L）、浑江口（9.6 mg/L）、碑碣子村（9.5 mg/L）、沿江村（9.4 mg/L）、大坝（8.7 mg/L）。溶解氧含量空间分布大体表现为上游浑江口至下游呈波浪起伏式下降，变化幅度不大。根据《地表水环境质量标准（GB 3838—2002）》，各监测站位溶解氧含量都达到 I 类水质量标准。

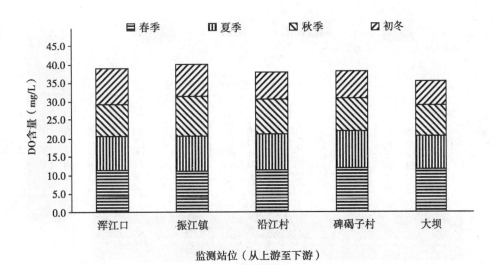

图 3-35　水丰水库各季节溶解氧含量随空间的变化

第六节　水丰水库碱度分布特征

碱度是指水中能与强酸发生中和作用的物质的总量。这类物质包括强碱、弱碱、强碱弱酸盐等。天然水中的碱度主要是由重碳酸盐、碳酸盐和氢氧化物引起的，其中重碳酸盐是水中碱度的主要形式。

一、碱度的时间分布

水丰水库各监测站位碱度随时间的变化情况如图 3-36 所示，最大值出现在 2017 年 4 月的大坝，为 2.48 mol/L；最小值出现在 2019 年 10 月的浑江口，为 0.48 mol/L；总平均值为 0.9 mol/L。在三年 4 月的调查中，碱度最大值出现在 2017 年的大坝，为 2.48 mol/L；最小值出现在 2016 年的振江镇，为 0.7 mol/L；各年 4 月总平均值为 1.12 mol/L。在一年 5 月的调查中，碱度最大值出现在碑碣子村，为 0.88 mol/L；最小值出现在浑江口，为 0.76 mol/L；5 月平均值为 0.8 mol/L。在四年 6 月的调查中，碱度最大值出现在 2019 年的振江镇，为 1.35 mol/L；最小值出现在 2015 年的浑江口，为 0.64 mol/L；各年 6 月总平均值为 0.93 mol/L。在一年 7 月的调查中，碱度最大值出现在碑碣子村，为 0.88 mol/L；最小值出现在浑江口，为 0.81 mol/L；7 月平均值为 0.84 mol/L。在四年 8 月的调查中，碱度最大值出现在 2017 年的浑江口，为 1.21 mol/L；最小值出现在 2015 年的浑江口，为 0.73 mol/L；各年 8 月总平均值为 0.9 mol/L。在一年 9 月的调查中，碱度最大值出现在浑江口，为 0.9 mol/L；最小值出现在碑碣子村，为 0.82 mol/L；9 月平均值为 0.85 mol/L。在五年 10 月的调查中，碱度最大值出现在 2015 年的浑江口，为 1.36 mol/L；最小值出现在 2019 年的浑江口，为 0.48 mol/L；各年 10 月总平均值为 0.81 mol/L。各月碱度平均值从大到小的顺序为 4 月、6 月、8 月、9 月、7 月、10 月、5 月，变化幅度很小。

各监测站位碱度的季节平均值如图 3-37 所示，最大值出现在春季大坝，为 1.24 mol/L；最小值出现在初冬碑碣子村，为 0.78 mol/L。春季碱度最大值出现在大坝，为 1.24 mol/L；最小值出

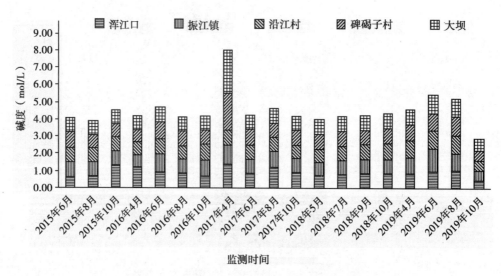

图3-36 水丰水库各监测站位碱度的时间变化

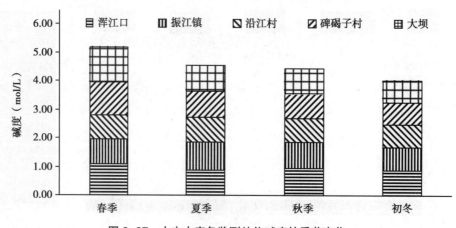

图3-37 水丰水库各监测站位碱度的季节变化

现在沿江村，为0.86 mol/L；平均值为1.04 mol/L。夏季碱度最大值出现在振江镇，为0.99 mol/L；最小值出现在浑江口，为0.86 mol/L；平均值为0.91 mol/L。秋季碱度最大值出现在浑江口，为0.95 mol/L；最小值出现在沿江村，为0.85 mol/L；平均值为0.89 mol/L。初冬碱度最大值出现在浑江口，为0.87 mol/L；最小值出现在碑碣子村，为0.78 mol/L；平均值为0.81 mol/L。各季节碱度平均值从大到小的顺序为春季、夏季、秋季、初冬，随季节变化呈递减趋势，这与溶解氧的变化规律一致。

各监测站位碱度的年平均值如图3-38所示，最大值出现在2017年的大坝，为1.25 mol/L；最小值出现在2015年的碑碣子村，为0.79 mol/L。2015年碱度最大值出现在浑江口，为0.91 mol/L；最小值出现在碑碣子村，为0.79 mol/L；平均值为0.83 mol/L。2016年碱度最大值出现在浑江口，为0.93 mol/L；最小值出现在大坝，为0.82 mol/L；平均值为0.86 mol/L。2017年碱度最大值出现在大坝，为1.25 mol/L，最小值出现在振江镇，为0.92 mol/L；平均值为1.06 mol/L。2018年碱度最大值出现在大坝，为0.86 mol/L；最小值出现在振江镇，为0.80 mol/L；平均值为0.84 mol/L。

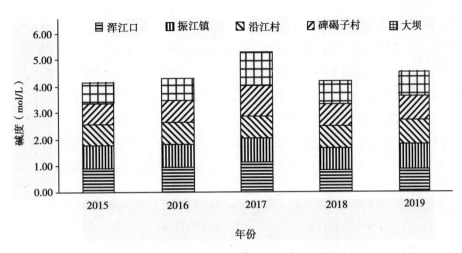

图 3-38　水丰水库各监测站位碱度的年际变化

2019 年碱度最大值出现在振江镇，为 0.96 mol/L；最小值出现在浑江口，为 0.85 mol/L；平均值为 0.91 mol/L。各年碱度平均值从大到小的顺序为 2017 年、2019 年、2016 年、2018 年、2015 年。

二、碱度的空间分布

春季水丰水库碱度随空间的变化情况如图 3-39 所示。2016 年 4 月浑江口至振江镇碱度明显减小；振江镇至沿江村略有增大；沿江村至碑碣子村略有减小；碑碣子村至大坝略有增大。2017 年 4 月浑江口至沿江村碱度逐渐减小，下降过程平稳，变化曲线近似直线；沿江村至大坝逐渐增大，上升幅度很大。2018 年 5 月浑江口至沿江村碱度无明显变化；沿江村至碑碣子村略有增大；碑碣子村至大坝略有减小。2019 年 4 月浑江口至沿江村碱度逐渐增大，上升幅度很小，过程平稳，变化曲线近似直线；沿江村至大坝逐渐减小，下降幅度小，变化曲线近似直线。

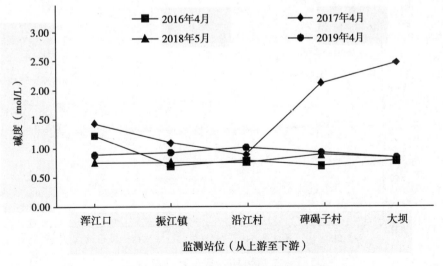

图 3-39　水丰水库春季碱度的空间变化

夏季水丰水库碱度随空间的变化情况如图 3-40 所示。2015 年 6 月浑江口至振江镇碱度明显增大；振江镇至沿江村略有减小；沿江村至碑碣子村略有增大；碑碣子村至大坝略有减小。2016 年 6 月浑江口至振江镇碱度略有增大；振江镇至沿江村明显减小；沿江村至碑碣子村略有增大；碑碣子村至大坝略有减小。2017 年 6 月浑江口振江镇碱度略有减小；振江镇至碑碣子村无明显变化；碑碣子村至大坝略有减小。2018 年 7 月上游浑江口至下游大坝碱度基本保持不变。2019 年 6 月浑江口至振江镇碱度明显增大；振江镇至沿江村明显减小；沿江村至大坝逐渐增大，变化幅度很小。

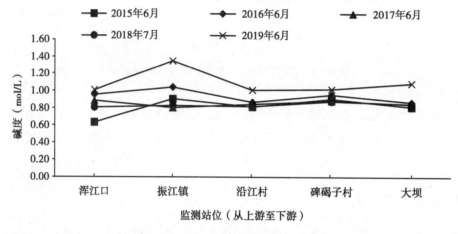

图 3-40　水丰水库夏季碱度的空间变化

秋季水丰水库碱度随空间的变化情况如图 3-41 所示。2015 年 8 月浑江口至振江镇碱度明显增大；振江镇至沿江村无明显变化；沿江村至碑碣子村有一定程度减小；碑碣子村至大坝开始增大。2016 年 8 月浑江口至沿江村碱度逐渐减小，变化幅度很小，过程平稳；沿江村至碑碣子村有一定程度的增大；碑碣子村至大坝有小幅减小。2017 年 8 月浑江口至沿江村碱度大幅度减小；沿江村至碑碣子村无明显变化；碑碣子村至大坝小幅增大。2018 年 9 月浑江口至振江镇碱度小幅增大；振江镇至碑碣子村无明显变化；碑碣子村至大坝略有增加。2019 年

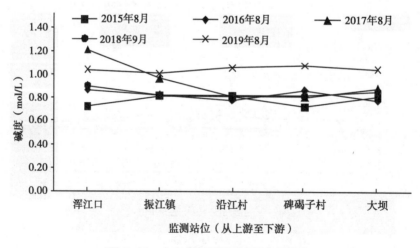

图 3-41　水丰水库秋季碱度的空间变化

8月浑江口至振江镇监测站位碱度无明显变化；振江镇至碑碣子村逐渐增加，变化幅度很小；碑碣子村至大坝略有减小。水丰水库秋季各监测站位碱度没有大幅度变化，相对稳定，数值比较接近。

初冬水丰水库碱度随空间的变化情况如图3-42所示。2015年10月浑江口至振江镇碱度大幅度减小；振江镇至沿江村无明显变化；沿江村至碑碣子村明显减小；碑碣子村至大坝明显增大。2016年10月浑江口至振江镇碱度大幅增大；振江镇至碑碣子村逐渐较小，下降过程平稳；碑碣子村至大坝无明显变化。2017年10月浑江口至振江镇碱度有一定程度减小；振江镇至沿江村无明显变化；沿江村至碑碣子村略有增大；碑碣子村至大坝略有减小。2018年10月浑江口至振江镇碱度小幅减小；振江镇至沿江村明显增大；沿江村至碑碣子村有一定程度下降；碑碣子村至大坝略有增大。2019年10月浑江口至大坝碱度逐渐渐增大，变化幅度很小，过程平稳，变化曲线近似直线。

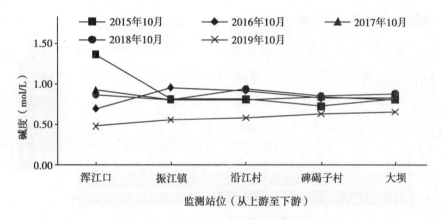

图3-42　水丰水库初冬碱度的空间变化

碱度季节平均值的空间分布情况如图3-43所示。各监测站位碱度平均值从大到小的顺序为大坝（0.94 mol/L）、浑江口（0.93 mol/L）、碑碣子村（0.92 mol/L）、振江镇（0.88 mol/L）、沿江村（0.85 mol/L），上游浑江口至中游沿江村逐渐减小，中游沿江村至下游大坝逐渐增大，这与溶解氧分布正好相反。

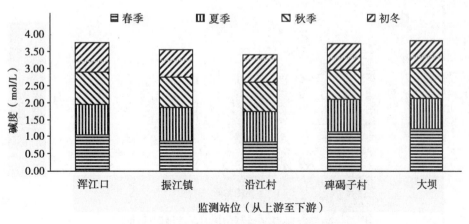

图3-43　水丰水库各季节碱度的空间变化

第七节　水丰水库总硬度含量分布特征

　　总硬度是指水中钙离子（Ca²⁺）、镁离子（Mg²⁺）的总量。钙是生物体的主要成分之一，也是生物体许多生理功能正常活动所必需的，对淡水生物的生长、种群变动和群落组成及分布都有影响。钙参与细胞壁的形成，是许多藻类正常代谢必需的成分。许多水生动物的贝壳及甲壳动物的外骨骼均含有大量的钙。许多植物和动物含钙量达体质量干重的 38%~50%。钙在渗透调节过程、糖类的输送和中和草酸的毒性等方面都有重要的生理作用。

　　许多淡水生物只生存于钙含量比较大的水体中，而且其数量随钙浓度的降低而减小。大多数贝类需要较高的钙含量，很多藻类和甲壳类也只生长于硬水中。很多鼓藻、轮虫以及单肢溞等所谓的软水种可在低钙（10 mg/L 以下）的水中出现。

一、总硬度含量的时间分布

　　调查期间，水丰水库各监测站位的总硬度含量（以 CaCO₃ 计，以下同）随时间的变化情况如图 3-44 所示，最大值出现在 2019 年 10 月的碑碣子村，为 260.3 mg/L；最小值出现在 2019 年 6 月的大坝，为 20 mg/L；总平均值为 61.1 mg/L。在三年 4 月的调查中，总硬度含量最大值出现在 2016 年的浑江口，为 94 mg/L；最小值出现在 2019 年的浑江口，为 29 mg/L，各年 4 月总平均值为 54.4 mg/L。在一年 5 月的调查中，总硬度含量最大值出现在大坝，为 42.5 mg/L；最小值出现在浑江口，为 25.5 mg/L；5 月平均值为 37.4 mg/L。在四年 6 月的调查中，总硬度含量最大值出现在 2016 年的浑江口，为 163.4 mg/L；最小值出现在 2019 年的大坝，为 20 mg/L；各年 6 月总平均值为 57.5 mg/L。在一年 7 月的调查中，总硬度含量最大值出现在振江镇，为 51.6 mg/L；最小值出现在大坝，为 47.5 mg/L；7 月平均值为 49.2 mg/L。在四年 8 月的调查中，总硬度含量最大值出现在 2017 年的浑江口，为 87.3 mg/L；最小值出现在 2019 年的浑江口，为 43 mg/L；各年 8 月总平均值为 54.5 mg/L。在一年 9 月的调查中，总硬度

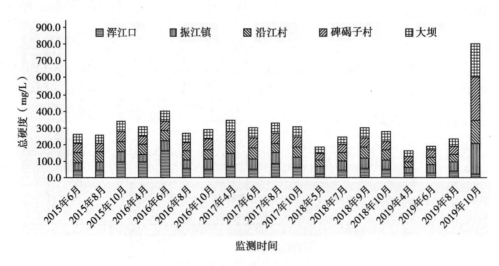

图 3-44　水丰水库各监测站位总硬度随时间的变化

含量最大值出现在沿江村，为 63.6 mg/L；最小值出现在浑江口，为 57.5 mg/L；9 月平均值为 60.3 mg/L。在五年 10 月的调查中，总硬度含量最大值出现在 2019 年的碑碣子村，为 260.3 mg/L；最小值出现在 2019 年的浑江口，为 43 mg/L；各年 10 月总平均值为 80.6 mg/L。各月总硬度含量平均值从大到小的顺序为 10 月、9 月、6 月、8 月、4 月、7 月、5 月。从中可以看出，总硬度大致呈逐月增加趋势。

各监测站位总硬度含量的季节平均值如图 3-45 所示，最大值出现在初冬碑碣子村，为 99.9 mg/L；最小值出现在春季碑碣子村，为 46.9 mg/L。春季总硬度含量最大值出现在浑江口，为 53.8 mg/L；最小值出现在碑碣子村，为 46.9 mg/L；平均值为 50.2 mg/L。夏季总硬度含量最大值出现在浑江口，为 67.7 mg/L；最小值出现在大坝，为 48 mg/L；平均值为 55.7 mg/L。秋季总硬度含量最大值出现在浑江口，为 57.6 mg/L；最小值出现在大坝，为 54 mg/L；平均值为 55.8 mg/L。初冬总硬度含量最大值出现在碑碣子村，为 99.9 mg/L；最小值出现在浑江口，为 57.6 mg/L；平均值为 80.6 mg/L。各季节总硬度含量平均值从大到小的顺序为初冬、秋季、夏季、春季，随季节变化逐渐增大。

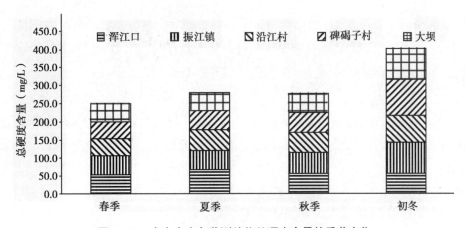

图 3-45　水丰水库各监测站位总硬度含量的季节变化

各监测站位总硬度含量的年平均值如图 3-46 所示，最大值出现在 2016 年的浑江口，为 90.9 mg/L；最小值出现在 2019 年的浑江口，为 32 mg/L。2015 年总硬度含量最大值出现在浑江口，为 98.2 mg/L；最小值出现在振江镇，为 45 mg/L；平均值为 57.1 mg/L。2016 年总硬度含量最大值出现在浑江口，为 163.4 mg/L；最小值出现在振江镇，为 49 mg/L；平均值为 63.2 mg/L。2017 年总硬度含量最大值出现在浑江口（8 月），为 87.3 mg/L；最小值出现在浑江口（6 月），为 49.9 mg/L；平均值为 64 mg/L。2018 年总硬度含量最大值出现在沿江村，为 63.6 mg/L；最小值出现在浑江口，为 25.5 mg/L；平均值为 50.7 mg/L。2019 年总硬度含量最大值出现在碑碣子村，为 260.3 mg/L；最小值出现在大坝，为 20 mg/L；平均值为 69 mg/L。各年总硬度含量平均值从大到小的顺序为 2019 年、2017 年、2016 年、2015 年、2018 年，除了 2018 年，均呈逐年增加趋势。

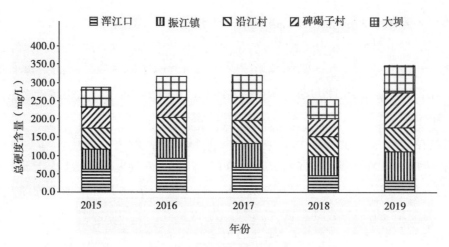

图 3-46　水丰水库各监测站位总硬度含量的年际变化

二、总硬度含量的空间分布

总硬度含量季节平均值的空间分布情况如图 3-47 所示。春季浑江口至碑碣子村总硬度含量逐渐减小，下降过程平稳，变化幅度很小，变化曲线近似直线；碑碣子村至大坝略有增加。夏季浑江口至振江镇总硬度含量明显减小；振江镇至沿江村略有增大；沿江村至大坝逐渐减小，变化幅度很小。秋季从上游浑江口至下游大坝总硬度含量基本保持不变，变化曲线呈一条平行直线。初冬浑江口至振江镇总硬度含量明显增大；振江镇至沿江村略有减小；沿江村至碑碣子村开始增大；碑碣子村至大坝又开始减小。变化曲线呈波浪起伏式上升。春季、夏季和秋季总硬度含量随空间变化很小，变化曲线接近平行直线，初冬呈波浪式上升。水丰水库各监测站位总硬度含量平均值从大到小的顺序为碑碣子村（64.6 mg/L）、振江镇（61.9 mg/L）、大坝（60.0 mg/L）、沿江村（59.8 mg/L）、浑江口（59.4 mg/L），各监测站位总硬度含量差别不大，从上游至下游略呈波浪式起伏。

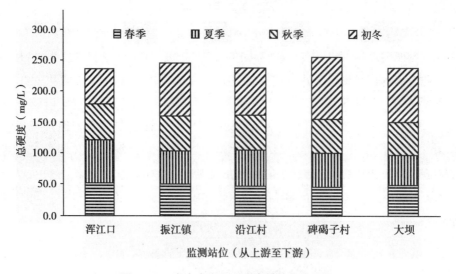

图 3-47　水丰水库总硬度含量的空间变化

第八节　水丰水库总氮含量的分布特征

氮是生物生长所必需的元素之一，同时也是藻类生长的限制营养元素之一。由于农业生产中化肥农药的大量使用使得排入水体中的氮元素含量增加，最终导致水体富营养化的产生，从而影响水中藻类的生长繁殖。总氮可作为水质评价的重要指标之一。

一、总氮含量的时间分布

调查期间，水丰水库各监测站位总氮含量随时间的变化情况如图 3-48 所示，最高值出现在 2015 年 8 月的浑江口，为 4.61 mg/L；最低值出现在 2016 年 8 月的沿江村，为 0.74 mg/L；总平均值为 2.21 mg/L。在三年 4 月的调查中，总氮含量最高值出现在 2019 年的浑江口，为 4.31 mg/L；最低值出现在 2016 年的沿江村，为 1.47 mg/L；各年 4 月总平均值为 2.22 mg/L。在一年 5 月的调查中，总氮含量最高值出现在浑江口，为 2.21 mg/L；最低值出现在碑碣子村，为 0.95 mg/L；5 月平均值为 1.82 mg/L。在四年 6 月的调查中，总氮含量最高值在 2015 年的振江镇，为 2.66 mg/L；最低值出现在 2016 年的振江镇，为 1.05 mg/L；各年 6 月总平均值为 2.14 mg/L。在一年 7 月的调查中，总氮含量最高值出现在碑碣子村，为 2.79 mg/L；最低值出现在沿江村，为 2.02 mg/L；7 月平均值为 2.37 mg/L。在四年 8 月的调查中，总氮含量最高值出现在 2015 年的浑江口，为 4.61 mg/L；最低值出现在 2016 年的沿江村，为 0.74 mg/L；各年 8 月总平均值为 2.09 mg/L。在一年 9 月的调查中，总氮含量最高值出现在浑江口，为 2.73 mg/L；最低值出现在振江镇，为 1.97 mg/L；9 月平均值为 2.23 mg/L。在五年 10 月的调查中，总氮含量最高值出现在 2019 年的碑碣子村，为 3.28 mg/L，最低值出现在 2018 年的振江镇，为 0.74 mg/L；各年 10 月总平均值为 2.41 mg/L。各月总氮含量平均值从高到低的顺序为 10 月、7 月、9 月、4 月、6 月、8 月、5 月，差别不大，无明显的变化规律。

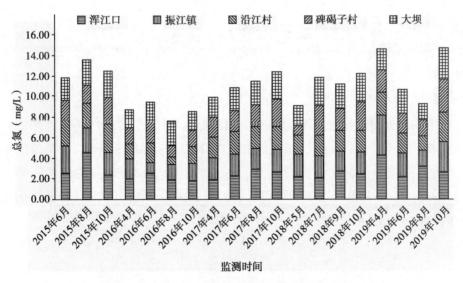

图 3-48　水丰水库各监测站位总氮含量随时间的变化

根据《地表水环境质量标准（GB 3838—2002）》，除了 5 月总氮含量符合Ⅳ类水质标准外，其余各月都为劣Ⅴ类水质标准。水质状况不好，水体富营养化的可能性很大，需要提高警惕，防止生态环境的恶化。总氮含量大小与许多因素有关，周边河流中含氮物质的注入、底泥中氮元素的循环流动、浮游生物体内含氮有机质的含量、养殖活动投入的饵料、岸边农田化肥随雨水的流入等都会增加水中总氮含量。

各监测站位总氮含量的季节平均值如图 3-49 所示，最高值出现在秋季的浑江口，为 3.06 mg/L；最低值出现在春季的碑碣子村，为 1.67 mg/L。春季总氮含量最高值出现在浑江口，为 2.62 mg/L；最低值出现在碑碣子村，为 1.67 mg/L；平均值为 2.12 mg/L。夏季总氮含量最高值出现在浑江口，为 2.31 mg/L；最低值出现在振江镇，为 2.06 mg/L；平均值为 2.19 mg/L。秋季总氮含量最高值出现在浑江口，为 3.06 mg/L；最低值出现在沿江村，为 1.72 mg/L；平均值为 2.12 mg/L。初冬总氮含量最高值出现在大坝，为 2.58 mg/L；最低值出现在振江镇，为 2.23 mg/L；平均值为 2.41 mg/L。各季节总氮含量平均值从高到低顺序为初冬、夏季、秋季、春季。

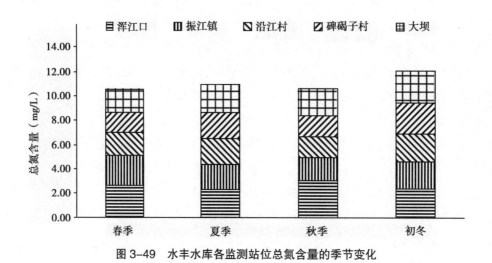

图 3-49　水丰水库各监测站位总氮含量的季节变化

各监测站位总氮含量的年平均值如图 3-50 所示，最高值出现 2015 年的浑江口，为 3.17 mg/L；最低值出现在 2016 年的沿江村，为 1.44 mg/L。2015 年总氮含量最高值出现在浑江口，为 3.17 mg/L；最低值出现在碑碣子村，为 2.12 mg/L；平均值为 2.53 mg/L。2016 年总氮含量最高值出现在浑江口，为 2.08 mg/L；最低值出现在沿江村，为 1.44 mg/L；平均值为 1.71 mg/L。2017 年总氮含量最高值出现在浑江口，为 2.43 mg/L；最低值出现在沿江村，为 2.12 mg/L；平均值为 2.23 mg/L。2018 年总氮含量最高值出现在浑江口，为 2.39 mg/L，最低值出现在沿江村，为 2.01 mg/L，平均值为 2.22 mg/L。2019 年总氮含量最高值出现在浑江口，为 3.06 mg/L，最低值出现在沿江村，为 2.08 mg/L，平均值为 2.46 mg/L。各年总氮含量平均值从高到低顺序为 2015 年、2019 年、2017 年、2018 年、2016 年。

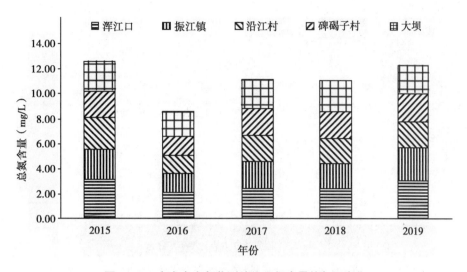

图 3-50 水丰水库各监测站位总氮含量的年际变化

二、总氮含量的空间分布

春季水丰水库总氮含量随空间的变化情况如图 3-51 所示。2016 年 4 月浑江口至振江镇总氮含量略有降低；振江镇至沿江村大幅下降；沿江村至大坝逐渐升高，上升过程平稳。2017 年 4 月浑江口至振江镇总氮含量略有升高，振江镇至大坝无明显变化。2018 年 5 月浑江口至沿江村总氮含量逐渐降低，下降幅度很小；沿江村至碑碣子村大幅降低；碑碣子村至大坝大幅升高。2019 年 4 月浑江口至振江镇总氮含量略有降低；振江镇至沿江村大幅度降低；沿江村至大坝无明显变化。

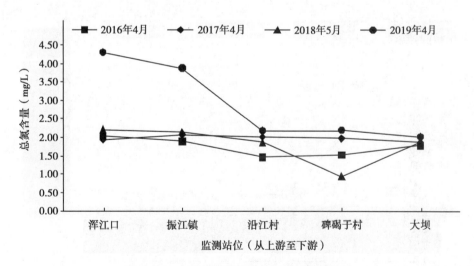

图 3-51 水丰水库春季总氮含量的空间变化

夏季水丰水库总氮含量随空间的变化情况如图 3-52 所示。2015 年 6 月浑江口至振江镇总氮含量略有升高；振江镇至碑碣子村逐渐降低；碑碣子村至大坝明显升高。2016 年 6 月浑江口至振江镇总氮含量剧烈下降；振江镇至沿江村剧烈上升；沿江村至碑碣子村略有升高；碑碣子村至大坝无明显变化。2017 年 6 月浑江口至振江镇总氮含量略有降低；振江镇至沿江村略有升高；沿江

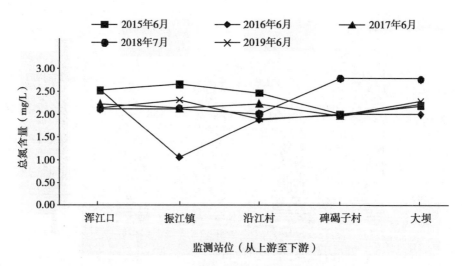

图 3-52　水丰水库夏季总氮含量的空间变化

村至碑碣子村明显降低；碑碣子村至大坝明显升高。2018 年 7 月浑江口至沿江村总氮含量逐渐下降；沿江村至碑碣子村大幅度升高；碑碣子村至大坝无明显变化。2019 年 6 月浑江口至振江镇总氮含量略有升高；振江镇至沿江村明显降低；沿江村至大坝逐渐升高；上升过程平稳。

　　秋季水丰水库总氮含量随空间的变化情况如图 3-53 所示。2015 年 8 月浑江口至振江镇总氮含量剧烈下降；振江镇至沿江村略有升高；沿江村至碑碣子村明显降低；碑碣子村至大坝开始回升。2016 年 8 月浑江口至沿江村总氮含量逐渐降低，下降过程平稳；沿江村至大坝逐渐升高。2017 年 8 月和 2018 年 9 月总氮含量变化曲线几乎重合，表现为浑江口至振江镇明显降低；振江镇至大坝逐渐升高，上升幅度很小。2019 年 8 月浑江口至振江镇总氮含量明显降低；振江镇至大坝无明显变化。水丰水库秋季各监测站位总氮含量总体上表现为浑江口至振江镇逐渐降低，振江镇至大坝有小幅起伏。

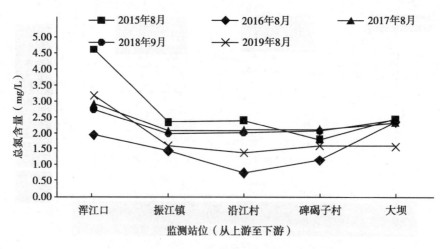

图 3-53　水丰水库秋季总氮含量的空间分布

　　初冬水丰水库总氮含量随空间的变化情况如图 3-54 所示。2015 年 10 月浑江口至振江镇总氮含量略有降低；振江镇至沿江村明显升高；沿江村至碑碣子村略有降低；碑碣子村至大坝无明显

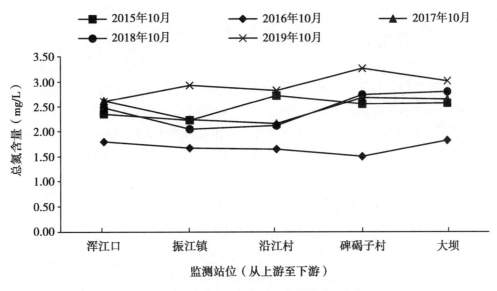

图 3-54　水丰水库初冬总氮含量的空间变化

变化。2016 年 10 月浑江口至碑碣子村总氮含量逐渐降低，变化幅度很小，过程平稳，变化曲线接近直线；碑碣子村至大坝明显升高。2017 年 10 月浑江口至沿江村总氮含量逐渐降低，变化幅度较小，过程平稳；沿江村至碑碣子村明显升高；碑碣子村至大坝无明显变化。2018 年 10 月浑江口至振江镇总氮含量有一定程度的降低；振江镇至沿江村无明显变化；沿江村至碑碣子村明显升高；碑碣子村至大坝无明显变化。2019 年 10 月浑江口至振江镇总氮含量明显升高；振江镇至沿江村略有降低；沿江村至碑碣子村明显升高；碑碣子村至大坝开始降低。

　　总氮含量季节平均值的空间分布情况如图 3-55 所示。各监测站位总氮含量平均值从高到低的顺序为浑江口（2.59 mg/L）、大坝（2.26 mg/L）、振江镇（2.15 mg/L）、碑碣子村（2.05 mg/L）、沿江村（2.01 mg/L）。空间总体分布为上游浑江口至中游沿江村逐渐降低，中游沿江村至下游大坝逐渐升高。根据《地表水环境质量标准（GB 3838—2002）》，各监测站位总氮含量均为劣 V 类水质标准。水质状况很差。

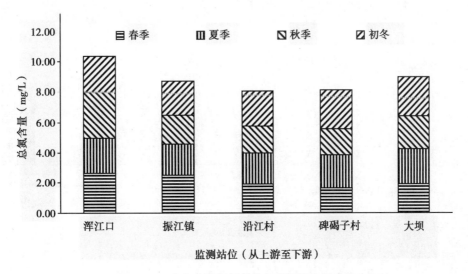

图 3-55　水丰水库各季节总氮含量的空间变化

第九节 水丰水库总磷含量的分布特征

磷也是生物生命活动和生长所必需的元素之一，是影响水中藻类生长的主要因素。环境因素所造成的磷含量变化可以通过藻类生物量的大小表现出来，当水中磷含量不足时会影响藻类生长；相反，当水中磷含量过大时，藻类繁殖加快，生物量增大，同时水体透明度下降，水质变坏。过量的磷是造成水体污秽发臭，发生富营养化的主要原因。水库中的磷主要来源为周边村民生活污水的排放、农田化肥和有机磷农药随雨水的流入、网箱养殖区投喂的鱼类饲料等。

水中磷可以是元素磷、正磷酸盐、缩合磷酸盐、焦磷酸盐、偏磷酸盐和有机团结合的磷酸盐等形式，这些磷的总和称为总磷。在长期的水化学和水生生物学的研究中，通常只注意磷酸盐对藻类的作用；后来在研究藻类对养分的需求时发现，在培养液中的生长最适磷浓度总是比天然水中的要高一些，开始认为是由于天然水中具有某些未知的有机生长因子导致的。近年来利用示踪原子技术发现水中有机磷可以不断转化成磷酸盐。溶解无机磷对藻类生长的促进作用并不是主要的，而磷元素的循环速度和颗粒磷同溶解磷之间的交换才是最主要的。水体中大部分磷元素始终是以结合颗粒磷或有机磷的形式存在的，因此用总磷含量代替磷酸盐含量来表示水体的肥度是比较科学的。

一、总磷含量的时间分布

调查期间，水丰水库各监测站位的总磷含量随时间的变化情况如图 3-56 所示，很多监测站位总磷值都低于检出限，本书取检出限 0.005 mg/L 作为计算数据；最高值出现在 2019 年 10 月的浑江口，为 0.094 mg/L，总平均值为 0.014 mg/L。在三年 4 月的调查中，总磷含量最高值出现在 2019 年的大坝，为 0.041 mg/L；最低值为 0.005 mg/L；各年 4 月总平均值为 0.007 mg/L。在一年 5 月的调查中，总磷含量最高值为 0.005 mg/L；最低值为 0.005 mg/L；5 月平均值为 0.005 mg/L。

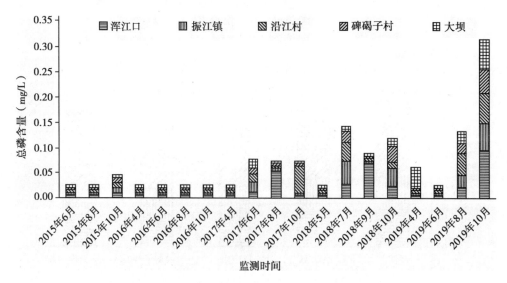

图 3-56 水丰水库各监测站位总磷含量的时间变化

在四年 6 月的调查中，总磷含量最高值出现在 2017 年的振江镇，为 0.021 mg/L；最低值为 0.005 mg/L，各年 6 月总平均值为 0.008 mg/L。在一年 7 月的调查中，总磷含量最高值出现在振江镇，为 0.046 mg/L；最低值出现在大坝，为 0.01 mg/L；7 月平均值为 0.028 mg/L。在四年 8 月的调查中，总磷含量最高值出现在 2017 年的浑江口，为 0.054 mg/L；最低值为 0.005 mg/L；各年 8 月总平均值为 0.013 mg/L。在一年 9 月的调查中，总磷含量最高值出现在浑江口，为 0.069 mg/L；最低值为 0.05mg/L；9 月平均值为 0.018 mg/L。在五年 10 月的调查中，总磷含量最高值出现在 2019 年的浑江口，为 0.094 mg/L；最低值为 0.005 mg/L；各年 10 月总平均值为 0.023 mg/L。各月总磷含量平均值从高到低的顺序为 7 月、10 月、9 月、8 月、6 月、4 月、5 月。从中可以看出，总磷含量大致呈逐月增加的趋势。根据《地表水环境质量标准（GB 3838—2002）》，4—6 月总磷含量达到Ⅰ类水质标准，8—10 月达到Ⅱ类水质标准，7 月达到Ⅲ类水质标准；总体上说，水质状况不错。

各监测站位总磷含量的季节平均值如图 3-57 所示。春季总磷含量最高值出现在 2019 年的大坝，为 0.041 mg/L；平均值为 0.007 mg/L。夏季总磷含量最高值出现在 2018 年的振江镇，为 0.046 mg/L；平均值为 0.012 mg/L。秋季总磷含量最高值出现在 2018 年的浑江口，为 0.069 mg/L，平均值为 0.014 mg/L。初冬总磷含量最高值出现在 2019 年的浑江口，为 0.094 mg/L；平均值为 0.023 mg/L。各季节总磷含量平均值从高到低的顺序为初冬、秋季、夏季、春季，随季节的变化逐渐升高，初冬达到全年最高值，这可能是由于水库中大规模的网箱养殖及有机物的注入形成磷的积累而导致的。

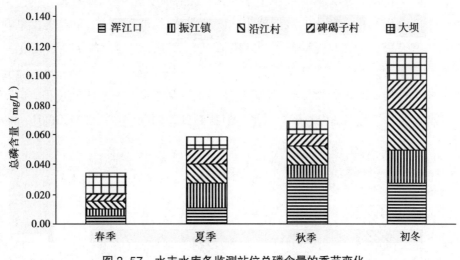

图 3-57　水丰水库各监测站位总磷含量的季节变化

各监测站位总磷含量的年平均值如图 3-58 所示，最高值出现在 2019 年的大坝，为 0.032 mg/L。2015 年总磷含量最高值出现在 10 月的振江镇，为 0.011 mg/L；年平均值为 0.006 mg/L。2016 年总磷含量最高值和最低值均为 0.005 mg/L；年平均值为 0.005 mg/L。2017 年总磷含量最高值出现在 10 月的沿江村，为 0.054 mg/L；年平均值为 0.012 mg/L。2018 年总磷含量最高值出现在 9 月的浑江口，为 0.069 mg/L；年平均值为 0.019 mg/L。2019 年总磷含量最高值出现在 10 月的浑江口，为 0.094 mg/L；年平均值为 0.027 mg/L。各年总磷含量平均值从高到低的顺序为 2019 年、2018 年、

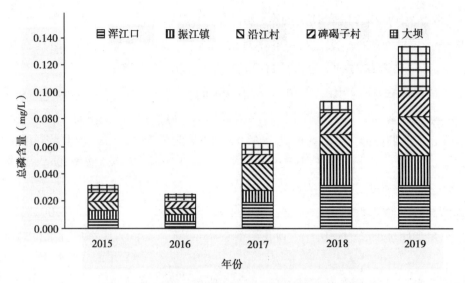

图 3-58　水丰水库各监测站位总磷含量的年际变化

2017 年、2015 年、2016 年。总磷含量逐年增加，这可能与水库中网箱养殖规模越来越大，总磷逐渐积累有关。

二、总磷含量的空间分布

各季节总磷含量的空间分布情况如图 3-59 所示。春季浑江口至碑碣子村监测站位总磷含量无明显变化，碑碣子村至大坝突然升高。夏季浑江口至振江镇总磷含量明显升高；振江镇至大坝逐渐降低；下降过程平稳，变化曲线近似直线。秋季浑江口至振江镇总磷含量急剧降低，振江镇至沿江村略有升高，沿江村至碑碣子村略有降低；碑碣子村至大坝无明显变化。初冬浑江口至振江镇总磷含量明显降低；振江镇至沿江村明显升高；沿江村至大坝又开始降低。由此可见，总磷含量随空间的变化除春季以外，大多呈波浪式下降趋势，虽然中间过程有起伏，但总体上逐渐下降。水丰水库各监测站位总磷含量平均值从高到低的顺序为浑江口（0.019 mg/L）、沿江

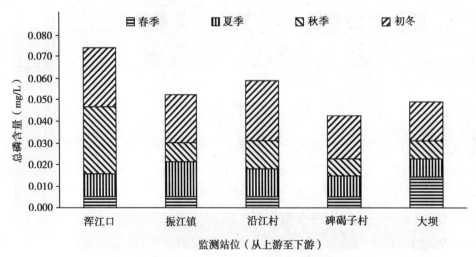

图 3-59　水丰水库各季节总磷含量的空间变化

村（0.015 mg/L）、振江镇（0.014 mg/L）、大坝（0.012 mg/L）、碑碣子村（0.011 mg/L），空间分布总体上呈波浪起伏式下降。根据《地表水环境质量标准（GB 3838—2002）》，各监测站位总磷含量均符合Ⅱ类水质标准，水质状况较好。

第十节　水丰水库高锰酸钾指数分布特征

高锰酸钾指数（COD_{Mn}）是指在一定条件下，用强氧化剂高锰酸钾处理水样时所消耗氧化剂的量，可以反映水样中有机污染物的存在量及受有机污染物污染的程度。其数值越大，说明水体污染程度越严重。

一、高锰酸钾指数的时间分布

调查期间，水丰水库各监测站位 COD_{Mn} 随时间的变化情况如图 3-60 所示，最高值出现在 2016 年 8 月的振江镇，为 5.8 mg/L；最低值出现在 2018 年 10 月浑江口，为 1.25 mg/L；总平均值为 2.92 mg/L。在三年 4 月的调查中，COD_{Mn} 最高值出现在 2017 年的浑江口，为 2.48 mg/L；最低值出现在 2019 年的浑江口，为 1.26 mg/L；各年 4 月总平均值为 1.92 mg/L。在一年 5 月的调查中，COD_{Mn} 最高值出现在碑碣子村，为 1.92 mg/L；最低值出现在浑江口，为 1.52 mg/L；5 月平均值为 1.74 mg/L。在四年 6 月的调查中，COD_{Mn} 最高值出现在 2017 年的振江镇，为 3.96 mg/L；最低值出现在 2016 年的碑碣子村，为 2.25 mg/L；各年 6 月总平均值为 2.89 mg/L。在一年 7 月的调查中，COD_{Mn} 最高值出现在振江镇，为 2.69 mg/L；最低值出现在碑碣子村，为 2.01 mg/L，7 月平均值为 2.33 mg/L。在四年 8 月的调查中，COD_{Mn} 最高值出现在 2016 年的振江镇，为 5.80 mg/L；最低值出现在 2015 年的沿江村，为 3.30 mg/L；各年 8 月总平均值为 4.55 mg/L。在一年 9 月的调查中，COD_{Mn} 最高值出现在碑碣子村，为 3.14 mg/L；最低值出现在浑江口，为 2.78 mg/L；9 月平均值为 3.04 mg/L。在五年 10 月调查中，COD_{Mn} 最高值出现在 2017 年的振江镇，

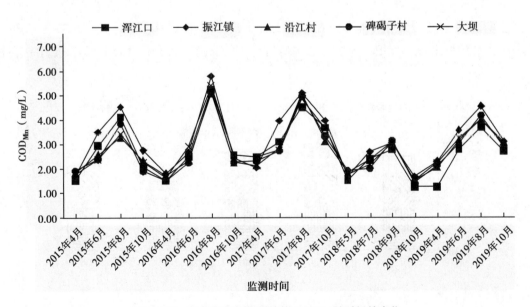

图 3-60　水丰水库各监测站位 COD_{Mn} 随时间的变化

为 3.97 mg/L；最低值出现在 2015 年的碑碣子村，为 1.92 mg/L；各年 10 月总平均值为 2.54 mg/L。各月 CODₘₙ 平均值从高到低的顺序为 8 月、9 月、6 月、10 月、7 月、4 月、5 月。从中可以看出，从 4—8 月 CODₘₙ 逐渐升高，8 月达到全年最高值，之后开始下降。根据《地表水环境质量标准（GB 3838—2002）》，4—5 月 CODₘₙ 达到Ⅰ类水质标准，6—7 月、9—10 月达到Ⅱ类水质标准，8 月符合Ⅲ类水质标准。总体上说，水质较好。

各监测站位 CODₘₙ 的季节平均值如图 3-61 所示。春季 CODₘₙ 最高值出现在大坝，为 1.97 mg/L；最低值出现在浑江口，为 1.66 mg/L；平均值为 1.98 mg/L。夏季 CODₘₙ 最高值出现在振江镇，为 3.28 mg/L；最低值出现在碑碣子村，为 2.48 mg/L；平均值为 2.78 mg/L。秋季 CODₘₙ 最高值出现在振江镇，为 4.62 mg/L；最低值出现在浑江口，为 4.07 mg/L；平均值为 4.24 mg/L。初冬 CODₘₙ 最高值出现在振江镇，为 2.80 mg/L；最低值出现在碑碣子村，为 2.36 mg/L；平均值为 2.54 mg/L。各季节 CODₘₙ 平均值从高到低的顺序为秋季、夏季、初冬、春季，春季至秋季逐渐升高并达到全年最高值，之后开始下降。

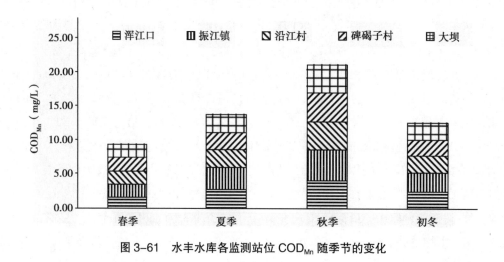

图 3-61　水丰水库各监测站位 CODₘₙ 随季节的变化

各监测站位 CODₘₙ 的年平均值如图 3-62 所示。2015 年 CODₘₙ 最高值出现在振江镇，为 3.13 mg/L；最低值出现在大坝，为 2.47；平均值为 2.66 mg/L。2016 年 CODₘₙ 最高值出现在振江

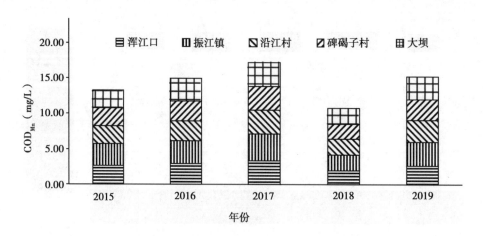

图 3-62　水丰水库各监测站位 CODₘₙ 的年际变化

镇，为 3.19 mg/L；最低值出现在碑碣子村，为 2.8 mg/L；平均值为 2.99 mg/L。2017 年 COD_{Mn} 最高值出现在振江镇，为 3.77 mg/L；最低值出现在沿江村，为 3.3 mg/L；平均值为 3.46 mg/L。2018 年 COD_{Mn} 最高值出现在振江镇，为 2.28 mg/L；最低值出现在浑江口，为 1.99 mg/L；平均值为 2.15 mg/L。2019 年 COD_{Mn} 最高值出现在振江镇，为 3.38 mg/L；最低值出现在浑江口，为 2.61 mg/L；平均值为 3.05 mg/L。各年 COD_{Mn} 平均值从高到低的顺序为 2017 年、2019 年、2016 年、2015 年、2018 年，2015—2017 年逐渐增加，2018 年大幅度降低，2019 年又有所回升。这与水库的养殖活动有很大的关系。

二、高锰酸钾指数的空间分布

水丰水库各季节 COD_{Mn} 的空间分布情况如图 3-63 所示。春季浑江口至大坝 COD_{Mn} 逐渐升高，变化幅度很小。夏季浑江口至振江镇 COD_{Mn} 略有升高；振江镇至碑碣子村逐渐降低；碑碣子村至大坝略有升高。秋季浑江口至振江镇 COD_{Mn} 有一定程度的升高；振江镇至沿江村有一定程度的降低；沿江村至碑碣子村略有升高；碑碣子村至大坝略有降低。初冬浑江口至振江镇 COD_{Mn} 略有升高；振江镇至碑碣子村逐渐降低；碑碣子村至大坝略有升高。各监测站位 COD_{Mn} 平均值从高到低的顺序为振江镇（3.23 mg/L）、大坝（2.92 mg/L）、沿江村（2.84 mg/L）、碑碣子村（2.81 mg/L）、浑江口（2.8 mg/L），空间分布上除了振江镇较高以外，其他监测站位非常接近。根据《地表水环境质量标准（GB 3838—2002）》，各监测站位 COD_{Mn} 都符合 II 类水质标准。

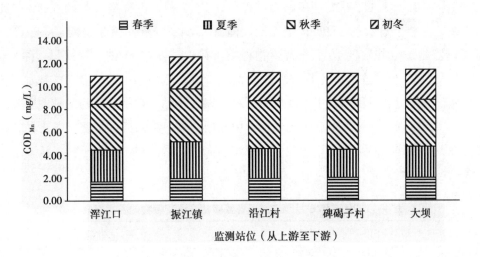

图 3-63　水丰水库 COD_{Mn} 的空间分布

第四章 水丰水库浮游植物群落生态特征

第一节 水丰水库浮游植物种类组成

在 2015—2019 年调查期间，共发现浮游植物 7 门 43 属 76 种（以丰度大于 1 000 个 /L 计，以下同），包括 6 个变种。其中硅藻门 33 种，占种类总数的 43.4%；绿藻门 27 种，占 35.5%；蓝藻门 6 种，占 7.9%；裸藻门 5 种，占 6.6%；隐藻门和甲藻门各 2 种，分别占 2.6%；金藻门 1 种，占 1.3%。

2015 年 6 月浮游植物种类组成如表 4-1 所示，共发现 5 门 22 属 28 种浮游植物种类，其中包括 1 个未定种，4 个变种。种类最多的为硅藻门，共 19 种，占种类总数的 67.9%；其次为绿藻门，为 5 种，占种类总数的 17.9%；甲藻门 2 种，占 7.1%；蓝藻门和金藻门各 1 种，分别占 3.6%。浑江口监测站位共发现 16 个浮游植物种类，其中硅藻门 11 种，绿藻门 4 种，金藻门 1 种；振江镇共发现 11 个浮游植物种类，其中硅藻门 10 种，蓝藻门 1 种；沿江村共发现 5 种，其中硅藻门 3 种，绿藻门和甲藻门各 1 种；碑碣子村共发现 4 种，其中硅藻门 2 种；甲藻门和金藻门各 1 种；大坝共发现 7 种，其中硅藻门 3 种，甲藻门 2 种，绿藻门和金藻门各 1 种。各监测站位浮游植物种类从多到少的排序为浑江口、振江镇、大坝、沿江村、碑碣子村。从上游至下游总体上呈下降趋势。种类组成以硅藻为主，但优势度逐渐降低。

表 4-1 2015 年 6 月水丰水库各监测站位浮游植物的种类组成

门	种类	拉丁名	监测站位				
			浑江口	振江镇	沿江村	碑碣子村	大坝
蓝藻	颤藻	*Oscillatoria* sp.		*			
硅藻	颗粒直链藻	*Melosira granulata*	*	*	*		*
	颗粒直链藻最窄变种	*M. granulata* var. *angustissima*	*				
	扭曲小环藻	*Cyclotella comta*					*
	美丽星杆藻	*Asterionella formosa*		*			
	尖针杆藻极狭变种	*Synedra acus* var. *angustissima*			*	*	
	肘状针杆藻尖喙变种	*S. ulna* var. *oxyrhynchus*	*				
	克罗顿脆杆藻	*Fragilaria crotonensis*	*	*	*	*	*

续表

门	种类	拉丁名	监测站位				
			浑江口	振江镇	沿江村	碑碣子村	大坝
硅藻	普通等片藻	*Diatoma vulagare*	*	*			
	扁圆卵形藻	*Cocconeis placentula*	*				
	彩虹长篦藻	*Neidium iridis*	*				
	弧形蛾眉藻双尖变种	*Ceratoneis arcus* var. *amphioxys*		*			
	尖头舟形藻	*Navicula cuspidata*	*				
	谷皮菱形藻	*Nitzschia palea*		*			
	偏肿桥弯藻	*Cymbella ventricosa*	*	*			
	埃伦桥弯藻	*C. ehrenbergii*	*				
	橄榄形异极藻	*Gomphonema olivaceum*		*			
	中间异极藻	*G. intricatum*		*			
	线形菱形藻	*Nitzschia linearis*		*			
	细布纹藻	*Gyrosigma kützingii*	*				
金藻	分歧锥囊藻	*Dinobryon divergens*	*			*	*
甲藻	埃尔多甲藻	*Peridinium elpatiewskyi*			*	*	*
	飞燕角甲藻	*Ceratium hirundinella*					*
绿藻	湖生卵囊藻	*Oocystis lacustis*					*
	镰形纤维藻	*Ankistrodesmus falcatus*	*				
	单角盘星藻	*Pediastrum simplex*	*				
	二角盘星藻	*P. duplex*	*				
	纤细角星鼓藻	*Staurastrum gracile*	*		*		

注：* 表示该种类出现且丰度大于 1 000 个 /L，以下同。

　　2015 年 8 月浮游植物种类组成如表 4-2 所示，共发现 5 门 18 属 22 种浮游植物，其中包括 1 个未定种，2 个变种。种类最多的为硅藻门，共 10 种，占种类总数的 45.5%；其次为绿藻门，为 5 种，占种类总数的 22.7%；蓝藻门 4 种，占 18.2%；甲藻门 2 种，占 9.1%；隐藻门 1 种，占 4.5%。浑江口监测站位共发现 13 个浮游植物种类，其中硅藻门 10 种，绿藻门 2 种，隐藻门 1 种；振江镇共发现 11 个浮游植物种类，其中硅藻门 4 种，蓝藻门 4 种，绿藻门 2 种，甲藻门 1 种；沿江村共发现 9 种，其中蓝藻门 3 种，硅藻门 2 种，甲藻门 2 种，绿藻门和隐藻门各 1 种；碑碣子村共发现 9 种，其中绿藻门 3 种，硅藻门 2 种，蓝藻门 2 种，甲藻门和隐藻门各 1 种；大坝共发现 10 种，其中蓝藻门 3 种，绿藻门 3 种，硅藻门 2 种，甲藻门和隐藻门各 1 种。各监测站位浮游植物种类数从多到少的排序为浑江口、振江镇、大坝、沿江村和碑碣子村。从中可以看出，上游至下游浮游植物种类数总体上呈逐渐减小的趋势，而且种类组成逐渐由硅藻为主变成以蓝藻和绿藻为主。

表 4-2　2015 年 8 月水丰水库各监测站位浮游植物的种类组成

门	种类	拉丁名	监测站位				
			浑江口	振江镇	沿江村	碑碣子村	大坝
蓝藻	依沙束丝藻	*Aphanizomenon issatschenkoi*		*	*		*
	类颤鱼腥藻	*Anabaena osicellariordes*		*	*	*	*
	卷曲鱼腥藻	*A. circinalis*		*	*	*	*
	颤藻	*Oscillatoria* sp.	*				
硅藻	颗粒直链藻	*Melosira granulata*	*	*			
	变异直链藻	*M. varians*	*				
	扭曲小环藻	*Cyclotella comta*	*				
	弧形蛾眉藻	*Ceratoneis arcus*	*	*			
	尖针杆藻极狭变种	*Synedra acus* var. *angustissima*	*	*	*	*	*
	肘状针杆藻尖喙变种	*S. ulna* var.*oxyrhynchus*	*	*	*	*	*
	扁圆卵形藻	*Cocconeis placentula*	*				
	偏肿桥弯藻	*Cymbella ventricosa*	*				
	埃伦桥弯藻	*C. ehrenbergii*	*				
	谷皮菱形藻	*Nitzschia palea*	*				
隐藻	啮蚀隐藻	*Cryptomonas erosa*	*		*	*	*
甲藻	埃尔多甲藻	*Peridinium elpatiewskyi*			*		
	飞燕甲角藻	*Ceratium hirundinella*		*	*	*	*
绿藻	空球藻	*Eudorina elegans*		*		*	*
	微小四角藻	*Tetraëdron minimum*				*	*
	二形栅藻	*Scenedesmus dimorphus*	*				
	二角盘星藻	*Pediastrum duplex*	*				
	纤细角星鼓藻	*Staurastrum gracile*		*	*	*	*

　　2015 年 11 月浮游植物种类组成如表 4-3 所示，共发现 5 门 16 属 20 种浮游植物，其中包括 2 个变种。种类最多的为硅藻门，共 9 种，占种类总数的 45%；其次为绿藻门，为 8 种，占种类总数的 40%；蓝藻门、甲藻门和隐藻门各 1 种，各占 5%。浑江口监测站位共发现 2 门 11 个浮游植物种类，其中硅藻门 8 种，绿藻门 3 种；振江镇共发现 4 门 9 种浮游植物，其中绿藻门 5 种，硅藻门 2 种，隐藻门 1 种，甲藻门 1 种；沿江村共发现 2 门 5 种，其中硅藻门 4 种，绿藻门 1 种；碑碣子村共发现 3 门 6 种，其中硅藻门 4 种，绿藻门 1 种，甲藻门 1 种；大坝共发现 4 门 6 种，其中硅藻门 2 种，绿藻门 2 种，蓝藻门 1 种，甲藻门 1 种。各监测站位浮游植物种类数从多到少的排序为浑江口、振江镇、碑碣子村和大坝、沿江村。从中可以看出，上游至下游总体上呈逐渐减小趋势，种类组成以硅藻门为主，但优势度逐渐降低。

表 4-3　2015 年 11 月水丰水库各监测站位浮游植物的种类组成

门	种类	拉丁名	监测站位				
			浑江口	振江镇	沿江村	碑碣子村	大坝
蓝藻	依沙束丝藻	*Aphanizomenon issatschenkoi*					*
硅藻	颗粒直链藻	*Melosira granulata*	*	*	*	*	*
	梅尼小环藻	*Cyclotella meneghiniana*	*				
	扭曲小环藻	*C. comta*		*	*	*	*
	美丽星杆藻	*Asterionella formosa*	*				
	尖针杆藻极狭变种	*Synedra acus var. angustissima*	*		*	*	
	肘状针杆藻尖喙变种	*S.ulna var.oxyrhynchus*	*		*	*	
	普通等片藻	*Diatoma vulagare*	*				
	埃伦桥弯藻	*Cymbella ehrenbergii*	*				
	偏肿桥弯藻	*C. ventricosa*	*				
隐藻	啮蚀隐藻	*Cryptomonas erosa*		*			
甲藻	飞燕甲角藻	*Ceratium hirundinella*		*		*	*
绿藻	空球藻	*Eudorina elegans*		*			
	弓形藻	*Schroederia setigera*	*				
	微小四角藻	*Tetraëdron minimum*		*			
	四尾栅藻	*Scenedesmus quadricauda*		*			
	单角盘星藻	*Pediastrum simplex*	*	*			
	短棘盘星藻	*Pediastrum boryanum*	*				
	纤细角星鼓藻	*Staurastrum gracile*		*	*	*	
	纤细新月藻	*Closterium gracile*					*

　　2016 年 4 月浮游植物种类组成如表 4-4 所示，共发现 5 门 12 属 18 种浮游植物，其中包括 1 个未定种，2 个变种。种类最多的为硅藻门，共 13 种，占种类总数的 72.2%；其次为绿藻门 2 种，占种类总数的 11.1%；金藻门、甲藻门和裸藻门都为 1 种，各占 5.6%。浑江口监测站位共发现 3 门 3 种浮游植物，其中硅藻门、甲藻门和裸藻门各 1 种；振江镇共发现 3 门 12 种浮游植物，其中硅藻门 10 种，金藻门 1 种，绿藻门 1 种；沿江村共发现 4 门 7 种，其中硅藻门 4 种，金藻门、甲藻门、绿藻门各 1 种；碑碣子村共发现 2 门 5 种，其中硅藻门 4 种，金藻门 1 种；大坝共发现硅藻门 1 门共 5 种。各监测站位浮游植物种类数从多到少的排序为振江镇、沿江村、碑碣子村和大坝、浑江口。除浑江口外，上游至下游总体上呈减小趋势，种类组成都以硅藻门为主，同时出现喜冷水的金藻和甲藻门种类。

表 4-4　2016 年 4 月水丰水库各监测站位浮游植物的种类组成

门	种类	拉丁名	监测站位				
			浑江口	振江镇	沿江村	碑碣子村	大坝
硅藻	颗粒直链藻	*Melosira granulata*		*		*	*
	变异直链藻	*M. varians*		*			
	梅尼小环藻	*Cyclotella meneghiniana*	*	*			*
	扭曲小环藻	*C. comta*				*	*
	弧形蛾眉藻	*Ceratoneis arcus*		*			
	美丽星杆藻	*Asterionella formosa*			*		
	尖针杆藻极狭变种	*Synedra acus* var. *angustissima*		*	*	*	*
	肘状针杆藻	*S. ulna*		*			
	肘状针杆藻尖喙变种	*S. ulna* var. *oxyrhynchus*		*	*		
	克罗顿脆杆藻	*Fragilaria crotonensis*			*	*	*
	普通等片藻	*Diatoma vulagare*		*			
	偏肿桥弯藻	*Cymbella ventricosa*		*			
	埃伦桥弯藻	*C. ehrenbergii*		*			
金藻	分歧锥囊藻	*Dinobryon divergens*		*	*	*	
甲藻	多甲藻	*Peridinium* sp.	*		*		
裸藻	尾裸藻	*Euglena caudata*	*				
绿藻	镰形纤维藻	*Ankistrodesmus falcatus*			*		
	螺旋形纤维藻	*A. spiralis*		*			

2016 年 6 月水丰水库浮游植物种类组成如表 4-5 所示，共发现 4 门 13 属 14 种浮游植物，其中包括 3 个未定种，1 个变种。种类最多的为硅藻门，共 6 种，占种类总数的 42.9%；其次为绿藻门，5 种，占种类总数的 35.7%；甲藻门 2 种，占 14.3%；金藻门 1 种，占 7.1%。浑江口监测站位共发现 3 门 6 种浮游植物，其中硅藻门 4 种，绿藻门 1 种，甲藻门 1 种；振江镇共发现 4 门 4 种浮游植物，其中硅藻门、金藻门、甲藻门、绿藻门各 1 种；沿江村共发现 4 门 5 种，其中硅藻门 2 种，金藻门、甲藻门、绿藻门各 1 种；碑碣子村共发现 2 门 2 种，其中金藻门 1 种，绿藻门 1 种；大坝共发现 2 门 5 种，其中硅藻门 1 种，绿藻门 4 种。各监测站位浮游植物种类数从多到少的排序为浑江口、沿江村和大坝、振江镇、碑碣子村。从上游至下游总体上呈减小趋势，种类组成以硅藻门种类为主，但优势度不明显，到了大坝监测站位已演变成以绿藻为主。

表 4-5　2016 年 6 月水丰水库各监测站位浮游植物的种类组成

门	种类	拉丁名	监测站位				
			浑江口	振江镇	沿江村	碑碣子村	大坝
硅藻	美丽星杆藻	*Asterionella formosa*			*		
	肘状针杆藻尖喙变种	*Synedra ulna* var. *oxyrhynchus*	*				
	克罗顿脆杆藻	*Fragilaria crotonensis*		*	*		*
	舟形藻	*Navicula* sp.	*				
	埃伦桥弯藻	*Cymbella ehrenbergii*	*				
	双尖菱板藻	*Hantzschi amphioxys*	*				

续表

门	种类	拉丁名	监测站位				
			浑江口	振江镇	沿江村	碑碣子村	大坝
金藻	分歧锥囊藻	*Dinobryon divergens*		*	*	*	
甲藻	多甲藻	*Peridinium* sp.		*	*		
	埃尔多甲藻	*P. elpatiewskyi*	*				
绿藻	空球藻	*Eudorina elegans*					*
	湖生卵囊藻	*Oocystis lacustis*					*
	并联藻	*Quadrigula chodatii*					*
	转板藻	*Mougeotia* sp.		*	*	*	*
	针状新月藻	*Closterium acicular*	*				

　　2016 年 8 月水丰水库浮游植物种类组成如表 4-6 所示，共发现 4 门 12 属 17 种浮游植物，其中包括 2 个未定种，2 个变种。种类最多的为硅藻门和绿藻门，各 5 种，各占种类总数的 29.4%；其次为蓝藻门，4 种，占种类总数的 23.5%；甲藻门 3 种，占 17.6%。浑江口监测站位共发现 3 门 8 种浮游植物，其中硅藻门 4 种，绿藻门 3 种，甲藻门 1 种；振江镇共发现 4 门 9 种浮游植物，其中蓝藻门 4 种，硅藻门和绿藻门各 2 种，甲藻门 1 种；沿江村共发现 4 门 8 种，其中蓝藻门和硅藻门各 3 种，甲藻门和绿藻门各 1 种；碑碣子村共发现 4 门 8 种，其中蓝藻门 4 种，硅藻门 2 种，甲藻门和绿藻门各 1 种；大坝共发现 4 门 6 种，其中蓝藻门 3 种，硅藻门、甲藻门和绿藻门 1 种。各监测站位浮游植物种类数从多到少的排序为振江镇、浑江口和沿江村及碑碣子村、大坝，上下游差别不大，种类组成以蓝藻门为主，硅藻门和绿藻门也占有一定比例。

表 4-6　2016 年 8 月水丰水库各监测站位浮游植物的种类组成

门	种类	拉丁名	监测站位				
			浑江口	振江镇	沿江村	碑碣子村	大坝
蓝藻	依沙束丝藻	*Aphanizomenon issatschenkoi*		*		*	
	类颤鱼腥藻	*Anabaena osicellariordes*		*	*	*	*
	卷曲鱼腥藻	*A. circinalis*		*	*	*	*
	颤藻	*Oscillatoria* sp.		*	*	*	*
硅藻	颗粒直链藻	*Melosira granulata*	*			*	
	美丽星杆藻	*Asterionella formosa*	*				
	尖针杆藻极狭变种	*Synedra acus* var. *angustissima*	*	*	*		
	肘状针杆藻尖喙变种	*S. ulna* var. *oxyrhynchus*			*		
	克罗顿脆杆藻	*Fragilaria crotonensis*	*	*	*	*	*
甲藻	多甲藻	*Peridinium* sp.	*				
	埃尔多甲藻	*P. elpatiewskyi*					
	飞燕角甲藻	*C. hirundinella*		*	*	*	*
绿藻	四尾栅藻	*Scenedesmus quadricauda*		*			
	二形栅藻	*S. dimorphus*	*				
	单角盘星藻	*Pediastrum simplex*		*			
	双射盘星藻	*P. sbiradiatum*	*				
	纤细角星鼓藻	*Staurastrum gracile*			*	*	*

2016 年 10 月水丰水库浮游植物种类组成如表 4-7 所示，共发现 5 门 14 属 14 种浮游植物，其中包括 2 个未定种，2 个变种。种类数最多的为硅藻门，共 9 种，占种类总数的 64.3%；其次为甲藻门，2 种，占种类总数的 14.3%；蓝藻门、隐藻门和绿藻门各 1 种，各占 7.1%；浑江口监测站位共发现 3 门 7 种浮游植物，其中硅藻门 4 种，甲藻门 2 种，隐藻门 1 种；振江镇共发现 3 门 10 种浮游植物，其中硅藻门 8 种，蓝藻门和甲藻门各 1 种；沿江村共发现 2 门 5 种，其中硅藻门 4 种，绿藻门 1 种；碑碣子村共发现硅藻门 1 门共 3 种；大坝共发现 2 门 4 种，其中硅藻门 3 种，甲藻门 1 种。各监测站位浮游植物种类从多到少的排序为振江镇、浑江口、沿江村、大坝、碑碣子村，从浑江口至振江镇逐渐增大，振江镇往下游逐渐减小。各监测站位种类组成都以硅藻门为主。

表 4-7   2016 年 10 月水丰水库各监测站位浮游植物的种类组成

门	种类	拉丁名	监测站位				
			浑江口	振江镇	沿江村	碑碣子村	大坝
蓝藻	颤藻	Oscillatoria sp.		*			
硅藻	颗粒直链藻	Melosira granulata		*	*	*	*
	链形小环藻	Cyclotella catenata	*	*	*	*	*
	弧形蛾眉藻	Ceratoneis arcus		*			
	尖针杆藻极狭变种	Synedra acus var. angustissima		*	*		
	肘状针杆藻尖喙变种	S. ulna var. oxyrhynchus		*			
	克罗顿脆杆藻	Fragilaria crotonensis	*	*	*	*	*
	普通等片藻	Diatoma vulagare	*	*			
	埃伦桥弯藻	Cymbella ehrenbergii	*				
	尖布纹藻	Gyrosigma acuminatum		*			
隐藻	啮蚀隐藻	Cryptomonas erosa	*				
甲藻	多甲藻	Peridinium sp.	*				
	飞燕角甲藻	Ceratium hirundinella	*	*			*
绿藻	纤细角星鼓藻	Staurastrum gracile			*		

2017 年 4 月水丰水库浮游植物种类组成如表 4-8 所示，共发现 2 门 11 属 13 种浮游植物，其中包括 3 个未定种，2 个变种。种类最多的为硅藻门，共 12 种，占种类总数的 92.3%；其次为绿藻门，仅 1 种，占 0.77%。浑江口监测站位共发现硅藻门 1 门 8 种浮游植物；振江镇共发现 2 门 9 种，其中硅藻门 8 种，绿藻门 1 种；沿江村共发现 2 门 5 种，其中硅藻门 4 种，绿藻门 1 种；碑碣子村共发现硅藻门 1 门共 2 种；大坝共发现硅藻门 1 门共 3 种。各监测站位浮游植物种类从多到少的排序为振江镇、浑江口、沿江村、大坝、碑碣子村，从浑江口至振江镇逐渐增大，振江镇往下游逐渐减小。各监测站位种类组成都以硅藻门为主，且优势非常明显。

表 4-8　2017 年 4 月水丰水库各监测站位浮游植物的种类组成

门	种类	拉丁名	监测站位				
			浑江口	振江镇	沿江村	碑碣子村	大坝
硅藻	颗粒直链藻	*Melosira granulata*		*	*		*
	链形小环藻	*Cyclotella catenata*	*	*			
	美丽星杆藻	*Asterionella formosa*	*	*			
	尖针杆藻极狭变种	*Synedra acus* var. *angustissima*	*		*		
	肘状针杆藻尖喙变种	*S. ulna* var. *oxyrhynchus*	*	*	*		
	克罗顿脆杆藻	*Fragilaria crotonensis*	*	*	*	*	*
	普通等片藻	*Diatoma vulagare*		*			
	舟形藻	*Navicula* sp.	*				
	桥弯藻	*Cymbella* sp.	*			*	
	埃伦桥弯藻	*C. ehrenbergii*		*			
	异极藻	*Gomphonema* sp.		*			*
	线形菱形藻	*Nitzschia linearis*	*				
绿藻	螺旋形纤维藻	*Ankistrodesmus spiralis*		*	*		

2017 年 6 月水丰水库浮游植物种类组成如表 4-9 所示，共发现 6 门 12 属 12 种浮游植物，其中包括 3 个鉴定到属的种类。种类最多的为绿藻门，共 5 种，占种类总数的 41.7%；其次为甲藻门和硅藻门，各 2 种，分别占种类总数的 16.7%，蓝藻门、隐藻门和金藻门各 1 种，分别占 8.3%。浑江口监测站位共发现 2 门 4 种浮游植物，其中硅藻门 2 种，绿藻门 2 种；振江镇共发现 3 门 3 种浮游植物，其中硅藻门、甲藻门和绿藻门各 1 种；沿江村共发现 2 门 2 种，其中硅藻门和绿藻门各 1 种；碑碣子村共发现 4 门共 4 种，其中蓝藻门、硅藻门、甲藻门和绿藻门各 1 种；大坝共发现 3 门共 3 种，其中硅藻门、金藻门和隐藻门各 1 种。各监测站位浮游植物种类从多到少的排序为浑江口和碑碣子村、振江镇和大坝、沿江村，种类都较少，种类组成也较分散，没有占优势的门类。

表 4-9　2017 年 6 月水丰水库各监测站位浮游植物的种类组成

门	种类	拉丁名	监测站位				
			浑江口	振江镇	沿江村	碑碣子村	大坝
蓝藻	颤藻	*Oscillatoria* sp.				*	
硅藻	克罗顿脆杆藻	*Fragilaria crotonensis*	*	*	*	*	*
	普通等片藻	*Diatoma vulagare*	*				
金藻	分歧锥囊藻	*Dinobryon divergens*					*
隐藻	卵形隐藻	*Cryptomonas ovata*					*
甲藻	多甲藻	*Peridinium* sp.				*	
	飞燕角甲藻	*Ceratium hirundinella*		*			

门	种类	拉丁名	监测站位				
			浑江口	振江镇	沿江村	碑碣子村	大坝
绿藻	杂球藻	*Pleodorina californica*				*	
	螺旋形纤维藻	*Ankistrodesmus spiralis*	*				
	二形栅藻	*Scenedesmus dimorphus*	*				
	转板藻	*Mougeotia* sp.			*		
	纤细角星鼓藻	*Staurastrum gracile*		*			

2017 年 8 月水丰水库浮游植物种类组成如表 4-10 所示，共发现 4 门 10 属 12 种浮游植物，其中包括 2 个鉴定到属的种类和 1 个变种。种类最多的为蓝藻门和硅藻门，各 4 种，分别占种类总数的 33.3%；其次为甲藻门和绿藻门，各 2 种，分别占种类总数的 16.7%。浑江口监测站位共发现 3 门 8 种浮游植物，其中硅藻门 4 种，蓝藻门 3 种，绿藻门 1 种；振江镇共发现 4 门 5 种，其中硅藻门 2 种，蓝藻门、甲藻门和绿藻门各 1 种；沿江村共发现 2 门 4 种，其中蓝藻门和硅藻门各 2 种；碑碣子村共发现 2 门 3 种，其中蓝藻门 2 种，硅藻门 1 种；大坝共发现 3 门 6 种，其中蓝藻门 3 种，硅藻门 2 种，甲藻门 1 种。各监测站位浮游植物种类从多到少的排序为浑江口、大坝、振江镇、沿江村、碑碣子村，浑江口至碑碣子村逐渐减小，大坝监测站位又有所增大。种类组成以蓝藻门和硅藻门为主。

表 4-10 2017 年 8 月水丰水库各监测站位浮游植物的种类组成

门	种类	拉丁名	监测站位				
			浑江口	振江镇	沿江村	碑碣子村	大坝
蓝藻	依沙束丝藻	*Aphanizomenon issatschenkoi*	*	*			*
	类颤鱼腥藻	*Anabaena osicellariordes*	*		*	*	*
	卷曲鱼腥藻	*A. circinalis*			*	*	*
	颤藻	*Oscillatoria* sp.	*				
硅藻	颗粒直链藻	*Melosira granulata*	*	*			*
	链形小环藻	*Cyclotella catenata*	*				
	尖针杆藻极狭变种	*Synedra acus* var. *angustissima*	*	*	*		*
	克罗顿脆杆藻	*Fragilaria crotonensis*	*			*	
甲藻	多甲藻	*Peridinium* sp.					*
	埃尔多甲藻	*P. elpatiewskyi*		*			
绿藻	微小四角藻	*Tetraëdron minimum*	*				
	单角盘星藻	*Pediastrum simplex*		*			

2017 年 10 月水丰水库浮游植物种类组成如表 4-11 所示，共发现 3 门 8 属 11 种浮游植物，其中包括 2 个变种。种类最多的为硅藻门，共 9 种，占种类总数的 81.8%；其次为蓝藻门和绿藻门，各 1 种，分别占种类总数的 9.1%。浑江口监测站位共发现硅藻门 1 门 8 种浮游植物；振江

镇共发现 2 门 6 种浮游植物，其中硅藻门 5 种，蓝藻门 1 种；沿江村共发现 2 门 4 种，其中硅藻门 3 种，绿藻门 1 种；碑碣子村共发现硅藻门 1 门共 2 种；大坝共发现硅藻门 1 门共 2 种。各监测站位浮游植物种类从多到少的排序为浑江口、振江镇、沿江村、大坝和碑碣子村，上游至下游总体上呈逐渐减小的趋势。浑江口至沿江村种类组成以硅藻门为主，碑碣子村至大坝以绿藻门为主。

表 4-11　2017 年 10 月水丰水库各监测站位浮游植物的种类组成

门	种类	拉丁名	监测站位				
			浑江口	振江镇	沿江村	碑碣子村	大坝
蓝藻	依沙束丝藻	*Aphanizomenon issatschenkoi*		*			
硅藻	颗粒直链藻	*Melosira granulata*	*	*	*	*	*
	变异直链藻	*M. varians*	*				
	梅尼小环藻	*Cyclotella meneghiniana*			*		
	扭曲小环藻	*C.comta*	*	*		*	*
	尖针杆藻极狭变种	*Synedra acus* var. *angustissima*	*	*	*		
	肘状针杆藻尖喙变种	*S. ulna* var. *oxyrhynchus*		*			
	克罗顿脆杆藻	*Fragilaria crotonensis*	*	*			
	普通等片藻	*Diatoma vulagare*	*	*			
	近缘桥弯藻	*Cymbella affinis*	*				
绿藻	纤细新月藻	*Closterium gracile*			*		

2018 年 5 月水丰水库浮游植物种类组成如表 4-12 所示，共发现 5 门 21 属 27 种浮游植物，其中包括 6 个鉴定到属的种类和 2 个变种。种类最多的为硅藻门，共 17 种，占种类总数的 63%；其次为绿藻门，共 7 种，占种类总数的 25.9%；蓝藻门、隐藻门和金藻门各 1 种，分别占 3.7%。浑江口监测站位共发现硅藻门 1 门 11 种浮游植物；振江镇共发现 3 门 14 种浮游植物，其中硅藻 11 种，金藻门 1 种，绿藻门 2 种；沿江村共发现 2 门 5 种，其中硅藻门 4 种，蓝藻门 1 种；碑碣子村发现 3 门共 4 种，其中绿藻门 2 种，硅藻门和隐藻门各 1 种；大坝共发现 4 门共 6 种，其中绿藻门 3 种，蓝藻门、硅藻门和金藻门各 1 种。各监测站位浮游植物种类从多到少的排序为振江镇、浑江口、大坝、沿江村、碑碣子村，从上游至下游总体上呈逐渐减小的趋势。浑江口至沿江村种类组成以硅藻门为主，碑碣子村至大坝以绿藻门为主。

表 4-12　2018 年 5 月水丰水库各监测站位浮游植物的种类组成

门	种类	拉丁名	监测站位				
			浑江口	振江镇	沿江村	碑碣子村	大坝
蓝藻	卷曲鱼腥藻	*Anabaena circinalis*			*		*
硅藻	颗粒直链藻	*Melosira granulata*		*			
	小环藻	*Cyclotella* sp.	*	*			
	美丽星杆藻	*Asterionella formosa*				*	*

续表

门	种类	拉丁名	监测站位				
			浑江口	振江镇	沿江村	碑碣子村	大坝
硅藻	尖针杆藻极狭变种	*Synedra acus* var. *angustissima*		*	*		
	肘状针杆藻	*S. ulna*		*			
	肘状针杆藻尖喙变种	*S. ulna* var. *oxyrhynchus*	*		*		
	克罗顿脆杆藻	*Fragilaria crotonensis*	*	*	*		
	普通等片藻	*Diatoma vulagare*	*	*			
	舟形藻	*Navicula* sp.	*	*			
	桥弯藻	*Cymbella* sp.	*				
	偏肿桥弯藻	*C. ventricosa*	*	*			
	埃伦桥弯藻	*C. ehrenbergii*	*				
	新月桥弯藻	*C. cymbiformis*	*				
	异极藻	*Gomphonema* sp.	*	*			
	中间异极藻	*G. intricatum*					*
	菱形藻	*Nitzschia* sp.		*			
	曲壳藻	*Achnanthes* sp.	*	*			
金藻	分歧锥囊藻	*Dinobryon divergens*		*			*
隐藻	啮蚀隐藻	*Cryptomonas erosa*				*	
绿藻	空球藻	*Eudorina elegans*				*	
	镰形纤维藻	*Ankistrodesmus falcatus*		*			
	螺旋形纤维藻	*A. spiralis*		*			
	湖生卵囊藻	*Oocystis lacustis*					*
	并联藻	*Quadrigula chodatii*				*	
	二形栅藻	*Scenedesmus dimorphus*					*
	四足十字藻	*Crucigenia tetrapedia*					*

2018 年 7 月水丰水库浮游植物种类组成如表 4-13 所示，共发现 5 门 16 属 18 种浮游植物，其中包括 3 个鉴定到属的种类和 1 个变种。种类最多的为硅藻门，共 8 种，占种类总数的 44.4%；其次为绿藻门，共 4 种，占种类总数的 22.2%；甲藻门 3 种，占 16.7%；蓝藻门 2 种，占 11.1%；隐藻门 1 种，占 5.6%。浑江口监测站位共发现 2 门 9 种浮游植物，其中硅藻门 7 种，绿藻门 2 种；振江镇共发现 5 门 8 种浮游植物，其中硅藻门、甲藻门和绿藻门各 2 种，蓝藻门和隐藻门各 1 种；沿江村共发现 3 门 6 种，其中硅藻门 3 种，蓝藻门 2 种，甲藻门 1 种；碑碣子村共发现 3 门 5 种，其中蓝藻门和硅藻门各 2 种，甲藻门 1 种；大坝共发现 5 门 8 种，其中硅藻门 3 种，蓝藻门 2 种，隐藻门、甲藻门和绿藻门各 1 种。各监测站位浮游植物种类从多到少的排序为浑江

口、振江镇和大坝、沿江村、碑碣子村，上下游差别不大，除浑江口以硅藻门为主以外，其他监测站位种类组成比较分散，没有占优势的门类。

表 4-13 2018 年 7 月水丰水库各监测站位浮游植物的种类组成

门	种类	拉丁名	监测站位				
			浑江口	振江镇	沿江村	碑碣子村	大坝
蓝藻	依沙束丝藻	*Aphanizomenon issatschenkoi*		*	*	*	*
	类颤鱼腥藻	*Anabaena osicellariordes*			*	*	*
硅藻	颗粒直链藻	*Melosira granulata*	*	*			*
	变异直链藻	*M. varians*	*				
	链形小环藻	*Cyclotella catenata*	*		*		
	尖针杆藻极狭变种	*Synedra acus* var. *angustissima*			*	*	*
	克罗顿脆杆藻	*Fragilaria crotonensis*	*	*		*	*
	普通等片藻	*Diatoma vulagare*	*				
	舟形藻	*Navicula* sp.	*				
	桥弯藻	*Cymbella* sp.	*				
隐藻	啮蚀隐藻	*Cryptomonas erosa*		*			*
甲藻	多甲藻	*Peridinium* sp.		*			
	埃尔多甲藻	*P. elpatiewskyi*		*			
	飞燕角甲藻	*Ceratium hirundinella*			*	*	*
绿藻	镰形纤维藻	*Ankistrodesmus falcatus*	*				
	湖生卵囊藻	*Oocystis lacustris*		*			*
	四尾栅藻	*Scenedesmus quadricauda*	*				
	韦氏藻	*Westella botryoides*		*			

2018 年 9 月水丰水库浮游植物种类组成如表 4-14 所示，共发现 4 门 9 属 9 种浮游植物，其中包括 1 个鉴定到属的种类和 1 个变种。种类最多的为硅藻门，共 4 种，占种类总数的 44.4%；其次为蓝藻门，共 3 种，占种类总数的 33.3%；隐藻门和绿藻门各 1 种，分别占 11.1%。浑江口监测站位共发现硅藻门 1 门共 3 种浮游植物；振江镇共发现 2 门 3 种浮游植物，其中硅藻门 2 种，蓝藻门 1 种；沿江村共发现 2 门 3 种，其中硅藻门 2 种，蓝藻门 1 种；碑碣子村共发现 4 门 6 种，其中蓝藻门和硅藻门各 2 种，隐藻门和绿藻门各 1 种；大坝共发现 2 门 4 种，其中蓝藻门 3 种，硅藻门 1 种。各监测站位浮游植物种类从多到少的排序为碑碣子村、大坝、浑江口和振江镇及沿江村，上下游差别不大，无明显规律。除浑江口以硅藻门为主以外，其他监测站位种类组成都以蓝藻门和绿藻门为主。

表 4-14　2018 年 9 月水丰水库各监测站位浮游植物的种类组成

门	种类	拉丁名	监测站位				
			浑江口	振江镇	沿江村	碑碣子村	大坝
蓝藻	依沙束丝藻	*Aphanizomenon issatschenkoi*		*	*	*	*
	类颤鱼腥藻	*Anabaena osicellariordes*					*
	泥污颤藻	*Oscillatoria limosa*				*	*
硅藻	颗粒直链藻	*Melosira granulata*	*				
	小环藻	*Cyclotella* sp.	*				
	尖针杆藻极狭变种	*Synedra acus* var. *angustissima*	*	*	*	*	*
	克罗顿脆杆藻	*Fragilaria crotonensis*		*	*	*	
隐藻	啮蚀隐藻	*Cryptomonas erosa*				*	
绿藻	纤细角星鼓藻	*Staurastrum gracile*				*	

　　2018 年 10 月水丰水库浮游植物种类组成如表 4-15 所示，共发现 4 门 7 属 9 种浮游植物，其中包括 1 个鉴定到属和 1 个变种。种类最多的为硅藻门，共 6 种，占种类总数的 66.7%；蓝藻门、隐藻门和绿藻门各 1 种，分别占种类总数的 11.1%。浑江口监测站位共发现 2 门 4 种浮游植物，其中硅藻门 3 种，隐藻门 1 种；振江镇共发现硅藻门 1 门 2 种浮游植物；沿江村共发现 2 门 6 种，其中硅藻门 5 种，蓝藻门 1 种；碑碣子村共发现 2 门 4 种，其中硅藻门 3 种，蓝藻门 1 种；大坝共发现 2 门 4 种，其中硅藻门 3 种，绿藻门 1 种。各监测站位浮游植物种类从多到少的排序为沿江村、浑江口和碑碣子村及大坝、振江镇，上下游差别不大，无明显规律。种类组成都以硅藻门为主。

表 4-15　2018 年 10 月水丰水库各监测站位浮游植物的种类组成

门	种类	拉丁名	监测站位				
			浑江口	振江镇	沿江村	碑碣子村	大坝
蓝藻	依沙束丝藻	*Aphanizomenon issatschenkoi*			*	*	
硅藻	颗粒直链藻	*Melosira granulata*			*	*	*
	变异直链藻	*M. varians*	*				
	小环藻	*Cyclotella* sp.			*		
	湖北小环藻	*C. hubeiana*			*	*	*
	尖针杆藻极狭变种	*Synedra acus* var. *angustissima*	*	*	*	*	*
	克罗顿脆杆藻	*Fragilaria crotonensis*	*	*	*		
隐藻	卵形隐藻	*Cryptomonas ovata*	*				
绿藻	纤细新月藻	*Closterium gracile*					*

2019 年 4 月水丰水库浮游植物种类组成如表 4-16 所示，共发现 4 门 10 属 11 种浮游植物，其中包括 1 个变种。种类最多的为硅藻门，共 7 种，占种类总数的 63.6%；其次为绿藻门，共 2 种，占种类总数的 18.2%；金藻门和隐藻门各 1 种，分别占 9.1%。浑江口监测站位共发现硅藻门 1 门 5 种浮游植物；振江镇和浑江口种类组成完全一致，共发现硅藻门 1 门 5 种浮游植物；沿江村共发现 2 门 3 种，其中硅藻门 2 种，金藻门 1 种；碑碣子村发现硅藻门 1 门共 4 种；大坝发现 3 门共 5 种，其中硅藻门和绿藻门各 2 种，隐藻门 1 种。各监测站位浮游植物种类从多到少的排序为浑江口和振江镇及大坝、碑碣子村、沿江村，上下游差别不大，无明显变化规律。种类组成都以硅藻门为主。

表 4-16　2019 年 4 月水丰水库各监测站位浮游植物的种类组成

| 门 | 种类 | 拉丁名 | 监测站位 | | | | |
			浑江口	振江镇	沿江村	碑碣子村	大坝
硅藻	颗粒直链藻	*Melosira granulata*	*	*			
	扭曲小环藻	*Cyclotella comta*	*	*			
	美丽星杆藻	*Asterionella formosa*			*	*	*
	尖针杆藻极狭变种	*Synedra acus var. angustissima*	*	*		*	*
	克罗顿脆杆藻	*Fragilaria crotonensis*	*	*	*	*	
	近缘桥弯藻	*Cymbella affinis*	*	*			
	偏肿桥弯藻	*C. ventricosa*				*	
金藻	分歧锥囊藻	*Dinobryon divergens*			*		
隐藻	卵形隐藻	*Cryptomonas ovata*					*
绿藻	镰形纤维藻	*Ankistrodesmus falcatus*					*
	湖生卵囊藻	*Oocystis lacustis*					*

2019 年 6 月水丰水库浮游植物种类组成如表 4-17 所示，共发现 5 门 17 属 20 种浮游植物，其中包括 3 个鉴定到属的种类和 2 个变种。种类最多的为硅藻门，共 12 种，占种类总数的 60%；其次为绿藻门，共 5 种，占种类总数的 25%；隐藻门、甲藻门和金藻门各 1 种，分别占 5%。浑江口监测站位发现硅藻门 1 门共 10 种浮游植物；振江镇发现 4 门共 10 种浮游植物，其中硅藻门和绿藻门各 4 种，隐藻门和甲藻门各 1 种；沿江村发现 3 门共 4 种，其中硅藻门 2 种，金藻门和隐藻门各 1 种；碑碣子村发现 3 门共 3 种，其中硅藻门、金藻门和隐藻门各 1 种；大坝发现 4 门共 4 种，其中硅藻门、金藻门、隐藻门和绿藻门各 1 种。各监测站位浮游植物种类从多到少的排序为浑江口和振江镇、沿江村和大坝、碑碣子村，从上游至下游总体上呈递减趋势，种类组成基本都以硅藻门为主，绿藻门在振江镇也占有一定优势。

表 4-17　2019 年 6 月水丰水库各监测站位浮游植物的种类组成

门	种类	拉丁名	监测站位				
			浑江口	振江镇	沿江村	碑碣子村	大坝
硅藻	颗粒直链藻	*Melosira granulata*	*				
	变异直链藻	*M. varians*	*				
	美丽星杆藻	*Asterionella formosa*			*		
	尖针杆藻	*Synedra acus*	*				
	肘状针杆藻尖喙变种	*S. ulna* var. *oxyrhynchus*	*				
	克罗顿脆杆藻	*Fragilaria crotonensis*	*	*	*	*	*
	舟形藻	*Navicula* sp.	*				
	偏肿桥弯藻	*Cymbella ventricosa*	*	*			
	缢缩异极藻头状变种	*Gomphonema constrictum* var. *capitata*	*				
	弯形弯楔藻	*Rhoicosphenia curvata*	*				
	谷皮菱形藻	*Nitzschia palea*		*			
	曲壳藻	*Achnanthes* sp.	*	*			
金藻	分歧锥囊藻	*Dinobryon divergens*			*	*	*
隐藻	卵形隐藻	*Cryptomonas ovata*		*	*	*	*
甲藻	多甲藻	*Peridinium* sp.		*			
绿藻	镰形纤维藻	*Ankistrodesmus falcatus*		*			
	螺旋形纤维藻	*A. spiralis*		*			
	斜生栅藻	*Scenedesmus obliquus*		*			
	短棘盘星藻	*Pediastrum boryanum*		*			
	纤细角星鼓藻	*Staurastrum gracile*					*

　　2019 年 8 月水丰水库浮游植物种类组成如表 4-18 所示，共发现 5 门 21 属 30 种浮游植物，其中包括 5 个鉴定到属的种类和 2 个变种。种类最多的为硅藻门，共 14 种，占种类总数的 46.7%；其次为绿藻门，共 9 种，占种类总数的 30%；蓝藻门共 4 种，占 13.3%；隐藻门 2 种，占 6.7%；裸藻门 1 种，占 3.3%。浑江口监测站位发现 3 门共 15 种浮游植物，其中硅藻门 10 种，绿藻门 4 种，隐藻门 1 种；振江镇共发现 2 门 3 种浮游植物，其中硅藻门 2 种，蓝藻门 1 种；沿江村共发现 2 门 3 种，其中硅藻门 2 种，蓝藻门 1 种；碑碣子村共发现 4 门 6 种，其中蓝藻门和硅藻门各 2 种，隐藻门和绿藻门各 1 种；大坝共发现 2 门 4 种，其中蓝藻门 3 种，硅藻门 1 种。各监测站位浮游植物种类从多到少的排序为浑江口、碑碣子村、大坝、振江镇和沿江村，上下游差别不大，无明显变化规律。除浑江口以硅藻门为主以外，其他监测站位都以蓝藻门和绿藻门为主。

表 4-18　2019 年 8 月水丰水库各监测站位浮游植物的种类组成

门	种类	拉丁名	监测站位				
			浑江口	振江镇	沿江村	碑碣子村	大坝
蓝藻	微小色球藻	*Chroococcus minutus*					*
	依沙束丝藻	*Aphanizomenon issatschenkoi*		*	*	*	*
	类颤鱼腥藻	*Anabaena osicellariordes*		*			
	阿氏颤藻	*Oscillatoria agardhii*		*	*	*	
硅藻	颗粒直链藻	*Melosira granulata*		*			
	变异直链藻	*M. varians*	*				
	链形小环藻	*Cyclotella catenata*		*			
	扭曲小环藻	*C. comta*			*		
	尖针杆藻	*Synedra acus*	*				
	尖针杆藻极狭变种	*S. acus* var. *angustissima*	*	*		*	*
	肘状针杆藻尖喙变种	*S. ulna* var. *oxyrhynchus*		*			
	克罗顿脆杆藻	*Fragilaria crotonensis*	*	*	*	*	*
	普通等片藻	*Diatoma vulagare*	*				
	舟形藻	*Navicula* sp.	*				
	偏肿桥弯藻	*Cymbella ventricosa*	*				
	近缘桥弯藻	*C. affinis*	*				
	异极藻	*Gomphonema* sp.	*				
	橄榄形异极藻	*G. olivaceum*	*				
隐藻	啮蚀隐藻	*Cryptomonas erosa*		*			
	卵形隐藻	*C. ovata*	*		*	*	*
甲藻	裸甲藻	*Gymnodimium* sp.		*			
绿藻	空球藻	*Eudorina elegans*					*
	微小四角藻	*Tetraëdron minimum*					*
	湖生卵囊藻	*Oocystis lacustis*					*
	二形栅藻	*Scenedesmus dimorphus*	*				
	双对栅藻	*S.bijuga*			*	*	*
	斜生栅藻	*S. obliquus*	*				
	纤细角星鼓藻	*Staurastrum gracile*	*	*			
	鼓藻	*Cosmarium* sp.	*				
	转板藻	*Mougeotia* sp.		*			

　　2019 年 10 月水丰水库浮游植物种类组成如表 4-19 所示，共发现 4 门 17 属 21 种浮游植物，其中包括 2 个变种。种类最多的为硅藻门，共 10 种，占种类总数的 47.6%；其次为绿藻门，共 9 种，占种类总数的 42.9%；蓝藻门和隐藻门各 1 种，分别占 4.8%。浑江口监测站位共发现 2 门 8 种浮游植物，其中硅藻门 6 种，绿藻门 2 种；振江镇共发现 4 门 11 种浮游植物，其中硅藻门 5

种，绿藻门 4 种，蓝藻门和隐藻门各 1 种；沿江村共发现 2 门 7 种，其中硅藻门 3 种，绿藻门 4 种；碑碣子村共发现 4 门 8 种，其中硅藻门各 4 种，绿藻门 2 种，蓝藻门和隐藻门各 1 种；大坝共发现 4 门 9 种，其中硅藻门 4 种，绿藻门 3 种，蓝藻门和隐藻门各 1 种。各监测站位浮游植物种类从多到少的排序为振江镇、大坝、浑江口和碑碣子村、沿江村，上下游差别不大，无明显变化规律，种类组成都以硅藻门和绿藻门为主。

表 4-19　2019 年 10 月水丰水库各监测站位浮游植物的种类组成

门	种类	拉丁名	监测站位				
			浑江口	振江镇	沿江村	碑碣子村	大坝
蓝藻	依沙束丝藻	*Aphanizomenon issatschenkoi*		*		*	*
硅藻	颗粒直链藻	*Melosira granulata*	*	*	*	*	*
	变异直链藻	*M. varians*		*			
	梅尼小环藻	*Cyclotella meneghiniana*					*
	扭曲小环藻	*C. comta*	*			*	
	尖针杆藻	*Synedra acus*	*	*	*		
	尖针杆藻极狭变种	*S. acus* var. *angustissima*		*	*	*	*
	克罗顿脆杆藻	*Fragilaria crotonensis*		*		*	*
	普通等片藻	*Diatoma vulagave*	*				
	扁圆卵形藻	*Cocconeis placentula*	*				
	近缘桥弯藻	*Cymbella affinis*	*				
隐藻	卵形隐藻	*Cryptomonas ovata*		*		*	*
绿藻	空球藻	*Eudorina elegans*			*		*
	月牙藻	*Selenastrum bibraianum*		*			
	镰形纤维藻	*Ankistrodesmus falcatus*			*		
	四尾栅藻	*Scenedesmus quadricauda*		*			*
	双对栅藻	*Scenedesmus bijuga*	*				
	韦氏藻	*Westella botryoides*		*		*	
	小空星藻	*Coelastrum microporum*	*				
	纤细角星鼓藻	*Staurastrum gracile*			*		
	针状新月藻近直变种	*Closterium acicular* var. *subprorum*		*	*	*	*

第二节　水丰水库浮游植物丰度的分布特征

一、浮游植物丰度的时间分布

调查期间，水丰水库各监测站位浮游植物丰度随时间的变化情况如图 4-1 所示，最高值出现在 2019 年 6 月的沿江村，为 6.03×10^6 个 /L；最低值出现在 2016 年 6 月的浑江口，为 1.2×

10^4 个 /L；总平均值为 7.13×10^5 个 /L。在三年 4 月的调查中，浮游植物丰度最高值出现在 2016 年的浑江口，为 3.21×10^6 个 /L；最低值出现在 2017 年的碑碣子村，为 7×10^3 个 /L；各年 4 月总平均值为 4.95×10^5 个 /L。在一年 5 月的调查中，浮游植物丰度最高值出现在振江镇，为 9.17×10^5 个 /L；最低值出现在碑碣子村，为 3.3×10^4 个 /L；5 月平均值为 3.34×10^5 个 /L。在四年 6 月的调查中，浮游植物丰度最高值出现在 2019 年沿江村，为 6.03×10^6 个 /L；最低值出现在 2016 年的浑江口，为 1.2×10^4 个 /L；各年 6 月总平均值为 7.73×10^5 个 /L。在一年 7 月的调查中，浮游植物丰度最高值出现在振江镇，为 9.17×10^5 个 /L；最低值出现在沿江村，为 1.4×10^4 个 /L；7 月平均值为 2.62×10^5 个 /L。在四年 8 月的调查中，浮游植物丰度最高值出现在 2015 年的沿江村，为 3.31×10^6 个 /L；最低值出现在 2016 年的大坝，为 9×10^4 个 /L；各年 8 月总平均值为 1.07×10^6 个 /L。在一年 9 月的调查中，浮游植物丰度最高值出现在大坝，为 3.61×10^6 个 /L；最低值出现在浑江口，为 7.4×10^4 个 /L；9 月平均值为 1.89×10^6 个 /L。在五年 10 月的调查中，浮游植物丰度最高值出现在 2015 年的振江镇，为 1.21×10^6 个 /L；最低值出现在大坝，为 5.1×10^4 个 /L；各年 10 月总平均值为 4.45×10^5 个 /L。各月浮游植物丰度平均值从高到低的顺序为 9 月、8 月、6 月、4 月、10 月、5 月、7 月，每年的 8—9 月达到当年最高值，然后开始下降。根据"营养类型评价的藻类生物学指标与标准"（见表 1–2），4—5 月、7 月、10 月为极贫营养类型，6 月为贫营养类型，8—9 月为贫中营养类型。

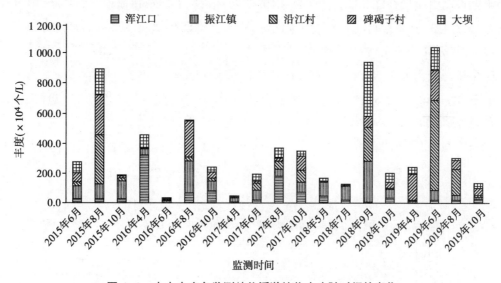

图 4–1　水丰水库各监测站位浮游植物丰度随时间的变化

各监测站位浮游植物丰度随季节的变化情况如图 4–2 所示。春季浮游植物丰度最高值出现在 2016 年的沿江村，为 2.11×10^6 个 /L；最低值出现在 2017 年的碑碣子村，为 7×10^3 个 /L；平均值为 4.55×10^5 个 /L。夏季浮游植物丰度最高值出现在 2019 年的沿江村，为 6.03×10^6 个 /L；最低值出现在 2016 年的浑江口，为 1.2×10^4 个 /L；平均值为 6.71×10^5 个 /L。秋季浮游植物丰度最高值出现在 2018 年的大坝，为 3.61×10^6 个 /L；最低值出现在 2018 年的浑江口，为 7.4×10^4 个 /L；平均值为 1.23×10^6 个 /L。初冬浮游植物丰度最大值出现在 2015 年的振江镇，为 1.21×10^6 个 /L；最低值出现在 2015 年的大坝，为 5.1×10^4 个 /L；平均值为 4.45×10^5 个 /L。

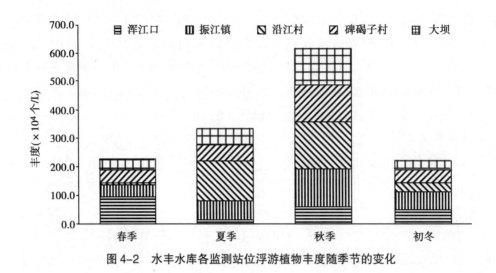

图 4-2　水丰水库各监测站位浮游植物丰度随季节的变化

各季节平均值从高到低的顺序为秋季、夏季、春季、初冬，春季到秋季逐渐升高并达到全年最高值，之后逐渐下降。

各监测站位浮游植物丰度的年平均值如图 4-3 所示。2015 年浮游植物丰度的最高值出现在沿江村，为 1.27×10^6 个 /L；最低值出现在浑江口，为 2.7×10^5 个 /L；年平均值为 9.1×10^5 个 /L。2016 年丰度最高值出现在浑江口，为 1.18×10^6 个 /L；最低值出现在大坝，为 3.2×10^5 个 /L；年平均值为 6.42×10^5 个 /L。2017 年浮游植物丰度最高值出现在浑江口，为 7.09×10^5 个 /L；最低值出现在碑碣子村，为 3.31×10^5 个 /L；年平均值为 4.78×10^5 个 /L。2018 年浮游植物丰度最高值出现在振江镇，为 1.29×10^6 个 /L；最低值出现在浑江口，为 2.71×10^5 个 /L；年平均值为 7.21×10^5 个 /L。2019 年浮游植物丰度最高值出现在沿江村，为 2.01×10^6 个 /L，最低值出现在浑江口，为 1.65×10^5 个 /L；年平均值为 8.63×10^5 个 /L。各年浮游植物丰度的平均值从高到低的顺序为 2019 年、2018 年、2016 年、2015 年、2017 年，2015—2017 年逐渐降低，2017—2019 年逐渐升高。

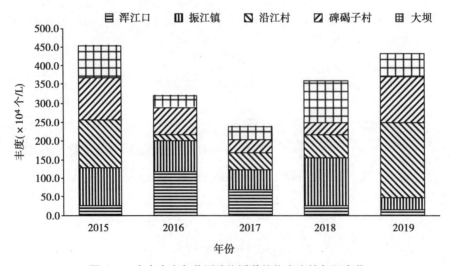

图 4-3　水丰水库各监测站位浮游植物丰度的年际变化

二、浮游植物丰度的空间分布

水丰水库各季节浮游植物丰度的空间分布情况如图所示。春季浑江口至沿江村监测站位浮游植物丰度逐渐降低，下降过程平稳，变化曲线近似直线；沿江村至碑碣子村明显升高；沿江村至大坝略有降低。夏季浑江口至沿江村浮游植物丰度急剧升高，升高过程平稳，变化曲线近似直线；沿江村至碑碣子村急剧降低；碑碣子村至大坝无明显变化。秋季浑江口至沿江村浮游植物丰度急剧升高，上升过程平稳；沿江村至大坝逐渐降低，下降过程较为平稳。初冬浑江口至振江镇浮游植物丰度略有升高，振江镇至沿江村明显降低；沿江村至碑碣子村略有升高；碑碣子村至大坝略有降低。

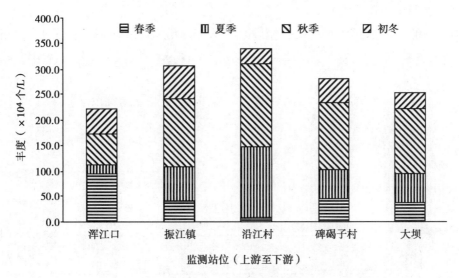

图 4-4　水丰水库各季节浮游植物丰度随空间的变化

由此可见，春季和初冬空间变化比较接近，表现为上游至中游浮游植物丰度呈下降趋势，之后有所升高。夏季和秋季比较相似，表现为上游至中游浮游植物丰度逐渐升高，中游至下游逐渐降低。各监测站位浮游植物丰度平均值从高到低的顺序为沿江村（8.88×10^5 个 /L）、振江镇（7.84×10^5 个 /L）、碑碣子村（7.17×10^5 个 /L）、大坝（6.45×10^5 个 /L）、浑江口（5.32×10^5 个 /L），从上游至中游逐渐升高，从中游至下游大坝逐渐降低。根据"营养类型评价的藻类生物学指标与标准"（见表1-2），各监测站位均为贫营养类型。

第三节　水丰水库浮游植物生物量分布特征

一、浮游植物生物量的时间分布

水丰水库各监测站位浮游植生物量（biomass）随时间的变化情况如图 4-5 所示，最大值出现在 2015 年 8 月的大坝，为 10.66 mg/L；平均值为 0.97 mg/L。在三年 4 月的调查中，浮游植物生物量最大值出现在 2016 年的浑江口，为 6.45 mg/L；最小值出现在 2017 年的碑碣子村，为 0.007 mg/L；各年 4 月总平均值为 0.89 mg/L。在一年 5 月的调查中，浮游植物生物量最大值出现在振江镇，为 0.46 mg/L；最小值出现在碑碣子村，为 0.04 mg/L；5 月平均值为 0.22 mg/L。在四年 6 月的调查中，浮游植物生物量最大值出现在 2019 年的沿江村，为 6.04 mg/L；最小值出现在 2016 年的大坝，为 0.03 mg/L；各年 6 月总平均值为 0.92 mg/L。在一年 7 月的调查中，浮游植物生物量最大值出现在振江镇，为 1.47 mg/L；最小值出现在沿江村，为 0.02 mg/L；7 月平均值 0.46 mg/L。在四年 8 月的调查中，浮游植物生物量最大值出现在 2015 年的大坝，为 10.66 mg/L；最小值出现在 2017 年的沿江村，为 0.01 mg/L；各年 8 月总平均值为 1.95 mg/L。在一年 9 月的调查中，浮游植物生物量最大值出现在振江镇，为 2.58 mg/L；最小值出现在浑江口，为 0.099 mg/L；9 月平均值为 1.21 mg/L。在五年 10 月的调查中，浮游植物生物量最大值出现在 2015 年的振江镇，为 2.76 mg/L；最小值出现在 2016 年的大坝，为 0.01 mg/L；各年 10 月总平均值为 0.69 mg/L。各月浮游植物生物量总平均值从大到小的顺序为 8 月、9 月、6 月、4 月、10 月、7 月、5 月。由此可知，浮游植物生物量和丰度一样，也在每年的 8—9 月达到全年最大值，之后开始下降。根据"营养类型评价的藻类生物学指标与标准"（见表 1-2），4—7 月、10 月为贫营养类型，8—9 月为贫中营养类型。

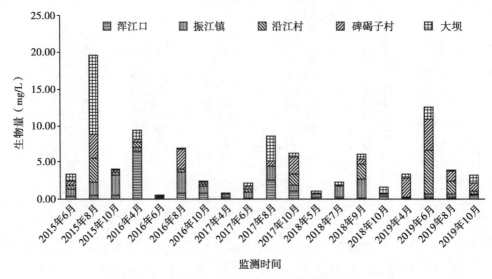

图 4-5　水丰水库各监测站位浮游植物生物量随时间的变化

各监测站位浮游植物生物量随季节的变化情况如图 4-6 所示。春季浮游植物生物量最大值出现在 2016 年的浑江口，为 6.45 mg/L；最小值出现在 2017 年的碑碣子，为 0.007 mg/L；平均值为 0.72 mg/L。夏季浮游植物生物量最大值出现在 2019 年的沿江村，为 6.04 mg/L；最小值出现在 2018 年的沿江村，为 0.018 mg/L；平均值为 0.83 mg/L。秋季浮游植物生物量最大值出现在 2015 年的大坝，为 10.66 mg/L；最小值出现在 2017 年的沿江村，为 0.01 mg/L；平均值为 1.80 mg/L。初冬浮游植物生物量最大值出现在 2015 年的振江镇，为 2.76 mg/L；最小值出现在 2016 年的大坝，为 0.01 mg/L；平均值为 0.70 mg/L。各季节浮游植物生物量平均值从大到小的顺序为秋季、夏季、春季、初冬，变化规律与丰度一样，为春季到秋季逐渐升高并达到全年最大值，秋季至初冬开始下降。

各监测站位浮游植物生物量的年际变化情况如图 4-7 所示。2015 年浮游植物生物量的最大值出现在 8 月的大坝，为 10.66 mg/L；最小值出现在 10 月的大坝，为 0.1 mg/L；年平均值为 1.79 mg/L。2016 年浮游植物生物量最大值出现在浑江口，为 6.45 mg/L；最小值出现在大坝，为

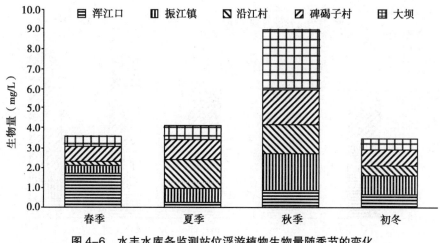

图 4-6　水丰水库各监测站位浮游植物生物量随季节的变化

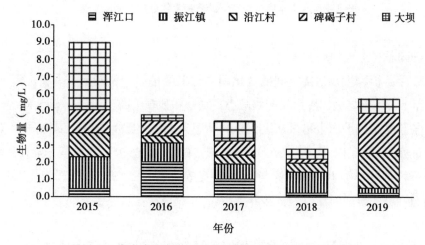

图 4-7　水丰水库各监测站位浮游植物生物量的年际变化

0.01 mg/L；年平均值为 0.96 mg/L。2017 年浮游植物生物量最大值出现在大坝，为 3.49 mg/L；最小值出现在沿江村，为 0.01 mg/L；年平均值为 0.88 mg/L。2018 年浮游植物生物量最大值出现在振江镇，为 2.58 mg/L；最小值出现在沿江村，为 0.02 mg/L；年平均值为 0.55 mg/L。2019 年浮游植物生物量最大值出现在沿江村，为 6.04 mg/L；最小值出现在浑江口，为 0.01 mg/L；年平均值为 1.14 mg/L。各年浮游植物生物量的平均值从大到小的顺序为 2015 年、2019 年、2016 年、2017 年、2018 年，2015—2018 年逐渐减小，2018—2019 年逐渐增大，与丰度变化规律相似。

二、浮游植物生物量的空间分布

　　水丰水库各季节浮游植物生物量随空间的变化情况如图 4-8 所示。春季浑江口至振江镇监测站位浮游植物生物量急剧减小；振江镇至沿江村略有减小；沿江村至碑碣子村明显增大；碑碣子村至大坝略有减小。夏季浑江口至沿江村浮游植物生物量急剧增大，过程平稳，变化曲线近似直线；沿江村至大坝急剧减小，过程平稳，变化曲线呈一条直线。秋季浑江口至振江镇浮游植物生物量明显增大；振江镇至沿江村明显减小；沿江村至碑碣子村略有增大；碑碣子村至大坝急剧增大。初冬浑江口至振江镇浮游植物生物量略有增大；振江镇至沿江村明显减小；沿江村至碑碣子

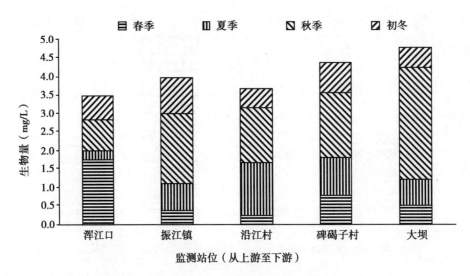

图4-8　水丰水库各季节浮游植物生物量随空间的变化

村略有增大；碑碣子村至大坝略有减小。

　　由此可见，浮游植物生物量随空间的变化趋势与丰度相似，表现为春季和初冬上游至中游逐渐减小，中游至下游逐渐增大，随后又开始减小。夏季和秋季上游至下游逐渐增大，中游至下游或增大或减小。各监测站位平均生物量从大到小的顺序为大坝（1.23 mg/L）、碑碣子村（1.11 mg/L）、振江镇（1.02 mg/L）、沿江村（0.95 mg/L）、浑江口（0.82 mg/L），从上游至下游大致呈递增趋势。根据"营养类型评价的藻类生物学指标与标准"（见表1-2），大坝、碑碣子村和振江镇监测站位为贫中营养类型，沿江村和浑江口为贫营养类型。

第四节　水丰水库浮游植物多样性指数分布特征

一、浮游植物多样性指数的时间分布

　　水丰水库各监测站位浮游植物Shannon-Wiener多样性指数（本节以下简称"浮游植物多样性指数"）随时间的变化情况如图4-9所示，最大值出现在2019年10月的振江镇，为3.05；最小值出现在2016年10月的大坝，为0.01；总平均值为1.11。在三年4月的调查中，浮游植物多样性指数最大值出现在2016年的碑碣子村，为2.32；最小值出现在2016年的浑江口，为0.02；各年4月总平均值为1.21。在一年5月的调查中，浮游植物多样性指数最大值出现在振江镇，为2.32；最小值出现在大坝，为0.31；5月平均值为1.42。在四年6月的调查中，浮游植物多样性指数最大值出现在2019年的浑江口，为2.48，最小值出现在2017年的振江镇，为0.03；各年6月总平均值为0.8。在一年7月的调查中，浮游植物多样性指数最大值出现在沿江村，为2.27；最小值出现在浑江口，为1.03；7月平均值为1.83。在四年8月的调查中，浮游植物多样性指数最大值出现在2019年的浑江口，为2.92；最小值出现在2015年的沿江村，为0.03；各年8月总平均值为1.04。在一年9月的调查中，浮游植物多样性指数最大值出现在碑碣子村，为1.20；最小值出现在振江镇，为0.44；9月平均值为0.76。在五年10月的调查中，浮游植物多样性指数最

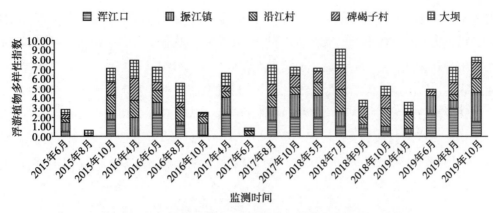

图 4-9 水丰水库各监测站位浮游植物多样性指数随时间的变化

大值出现在 2019 年的振江镇,为 3.05;最小值出现在 2016 年的大坝,为 0.01;各年 10 月总平均值为 1.22。各月浮游植物多样性指数总平均值从大到小的顺序为 7 月、5 月、10 月、4 月、8 月、6 月、9 月。根据"营养类型评价的藻类生物学指标与标准"(见表 1-2),6 月和 9 月为重污染类型,4—5 月、7—8 月和 10 月为中污染类型。

各监测站位浮游植物多样性指数的季节平均值如图 4-10 所示。春季浮游植物多样性指数最大值出现在振江镇,为 1.64;最小值出现在碑碣子村,为 1.07;平均值为 1.26。夏季浮游植物多样性指数最大值出现在浑江口,为 1.31;最小值出现在碑碣子村,为 0.81;平均值为 1。秋季浮游植物多样性指数最大值出现在浑江口,为 1.35;最小值出现在振江镇,为 0.64;平均值为 0.98。初冬浮游植物多样性指数最大值出现在振江镇,为 1.60;最小值出现在大坝,为 0.76;平均值为 1.22。各季节浮游植物多样性指数平均值从大到小的顺序为春季、初冬、夏季、秋季。春季到秋季逐渐减小并达到全年最小值,之后开始增大。这是由于在水温较低的季节,适应低水温的硅藻、金藻等多个种类生长繁殖,多样性增大;到了水温较高的季节,随着营养物质的增加,浮游植物开始大量生长,其中少数几个非常适应高水温高营养物质含量的种类生长旺盛,在竞争中将其他种类淘汰,形成优势度很大的优势种,多样性下降。

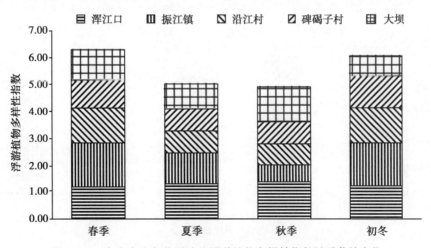

图 4-10 水丰水库各监测站位浮游植物多样性指数随季节的变化

各监测站位浮游植物多样性指数的年平均值如图 4-11 所。2015 年浮游植物多样性指数最大值出现在大坝，为 0.84；最小值出现在沿江村，为 0.53；平均值为 0.71。2016 年浮游植物多样性指数最大值出现在大坝，为 1.35；最小值出现在浑江口，为 0.91；平均值为 1.16。2017 年浮游植物多样性指数最大值出现在大坝，为 1.53；最小值出现在沿江村，为 0.7；平均值为 1.11。2018 年浮游植物多样性指数最大值出现在沿江村，为 1.58；最小值出现在大坝，为 0.97；平均值为 1.26。2019 年浮游植物多样性指数最大值出现在浑江口，为 1.85；最小值出现在大坝，为 0.84；平均值为 1.2。各年浮游植物多样性指数平均值从大到小的顺序为 2018 年、2019 年、2016 年、2017 年、2015 年。年际变化呈波浪起伏式上升。

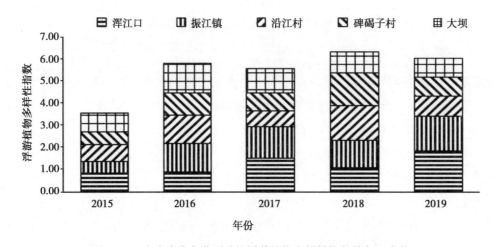

图 4-11　水丰水库各监测站位浮游植物多样性指数的年际变化

二、浮游植物多样性指数的空间分布

各季节浮游植物多样性指数站位平均值如图 4-12 所示。春季浑江口至振江镇浮游植物多样性指数明显增大；振江镇至碑碣子村逐渐减小，下降过程平稳，变化曲线呈一条直线；沿江村至大坝略有增大。夏季浑江口至沿江村浮游植物多样性指数逐渐减小，下降过程平稳；沿江村至碑碣子村略有减小；碑碣子村至大坝略有增大。秋季浑江口至振江镇浮游植物多样性指数急剧减小；振江镇至碑碣子村逐渐增大，上升过程平稳；碑碣子村至大坝急剧增大。初冬浑江口至振江

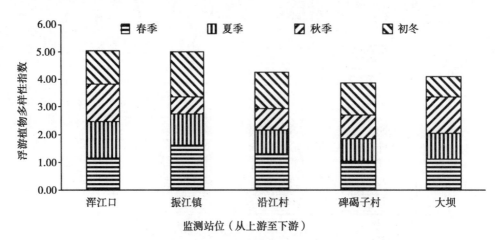

图 4-12　水丰水库各季节浮游植物多样性指数随空间的变化

镇浮游植物多样性指数明显增大；振江镇至大坝逐渐降低。各监测站位浮游植物多样性指数平均值从大到小的顺序为浑江口（1.26）、振江镇（1.23）、沿江村（1.06）、大坝（1.03）、碑碣子村（0.96），从上游至下游大致呈递减趋势。根据"营养类型评价的藻类生物学指标与标准"（见表1-2），除碑碣子村为重污染类型外，其余各监测站位均为中污染类型。

第五节　水丰水库环境因子与浮游植物的相关性分析

典范对应分析（Canonical Correspondence Analysis，CCA）是一种非线性多元直接梯度分析方法，它把对应分析与多元回归结合起来。不同于以前的直接梯度分析，CCA 可以结合多个环境因子，包含的信息量大，结果直观明显，从而更好地反映群落与环境的关系。近年来，CCA 被广泛应用于浮游植物群落与环境因子间复杂关系的研究。CCA 提供了分析浮游植物群落组成与环境因子之间对应关系的工具。在由主轴 1 和主轴 2 构成的排序图中，环境因子用带有箭头的线段表示，向量长短代表了其在主轴中的作用，箭头所处象限表示环境因子与排序轴之间相关性的正负。

通过选取水丰水库 5 个环境因子（水温、pH、透明度、总氮、总磷）与 7 个浮游植物门类（蓝藻门、隐藻门、甲藻门、金藻门、硅藻门、裸藻门、绿藻门）的丰度值做典范对应分析（图4-13），结果可知，蓝藻门与水温和 pH 有极大的正相关性，甲藻门和金藻门与总磷含量有较大的相关性，硅藻门、绿藻门、隐藻门和裸藻门与透明度、总氮含量有一定的相关性。

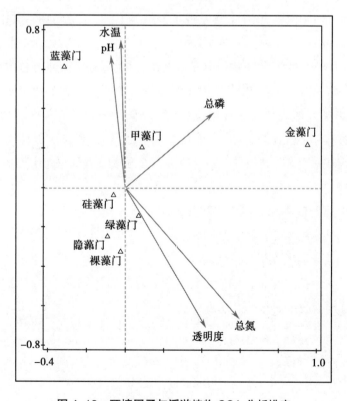

图 4-13　环境因子与浮游植物 CCA 分析排序

第五章　水丰水库浮游动物群落生态特征

第一节　水丰水库浮游动物种类组成分布特征

一、浮游动物种类组成的时间分布

调查期间，水丰水库各年浮游动物种类组成如表 5-1 所示，共发现 4 个门类 21 属 32 种（以丰度大于 1 个 /L 计，以下同）浮游动物，其中包括 2 种幼体。种类最多的为轮虫类，共 18 种，占种类总数的 56.3%；其次为桡足类，共 6 种，占种类总数的 18.8%；枝角类 5 种，占种类总数的 15.6%；原生动物 3 种，占种类总数的 9.4%。2015 年共发现 4 个门类 20 种浮游动物，其中轮虫类 10 种，占当年种类总数的 50%；桡足类 5 种，占当年种类总数的 25%；枝角类 3 种，占 15%；原生动物 2 种，占 10%。2016 年共发现 4 个门类 18 种浮游动物，其中轮虫类 8 种，占当年种类总数的 44.4%；桡足类 5 种，占 27.8%；枝角类 4 种，占 22.2%；原生动物 1 种，占 5.6%。2017 年共发现 4 个门类 18 种浮游动物，其中轮虫类 9 种，占当年种类总数的 50.0%；桡足类 4 种，占 22.2%；枝角类 3 种，占 16.7%；原生动物 2 种，占 11.1%。2018 年共发现 4 个门类 17 种浮游动物，其中轮虫类 8 种，占当年种类总数的 47.1%；桡足类 6 种，占 35.3%；枝角类 2 种，占 11.8%；原生动物 1 种，占 5.9%。2019 年共发现 4 个门类 18 种浮游动物，其中轮虫类 9 种，占当年种类总数的 50%；桡足类 5 种，占 27.8%；枝角类 3 种，占 16.7%；原生动物 1 种，占 5.6%。

浮游动物种类中瘤棘砂壳虫、截头皱甲轮虫、长额象鼻溞、僧帽溞、无节幼体、桡足幼体、汤匙华哲水蚤、广布中剑水蚤出现的频率最高，在 5 年的调查中均有出现。此外，大肚鬚足轮虫、螺形龟甲轮虫、等刺异尾轮虫、针簇多肢轮虫、右突新镖水蚤出现的频率也比较高，在调查期间有 4 年出现。王氏拟铃壳虫、中华拟铃壳虫、壶状臂尾轮虫、曲腿龟甲轮虫、长刺异尾轮虫、短尾秀体溞、直额裸腹溞、近邻剑水蚤出现的频率比较少，仅有 1 年出现。

表 5-1　水丰水库浮游动物种类组成

门类	种类	拉丁名	监测年份				
			2015	2016	2017	2018	2019
原生动物	王氏拟铃壳虫	*Tintinnopsis wangi*	*				
	中华拟铃壳虫	*T. sinensis*			*		
	瘤棘砂壳虫	*Difflugia trberspinifera*	*	*	*	*	*
轮虫类	大肚鬚足轮虫	*Euchlanis dilatata*		*	*	*	*
	萼花臂尾轮虫	*Brachionus calyciflorus*			*		*
	裂足臂尾轮虫	*B. diversicornis*	*			*	*
	角突臂尾轮虫	*B. angularis*					
	壶状臂尾轮虫	*B. urceus*		*			
	剪形臂尾轮虫	*B. forficula*	*				
	矩形龟甲轮虫	*Keratella quadrata*	*				*
	螺形龟甲轮虫	*K. cochlearis*	*	*	*	*	
	曲腿龟甲轮虫	*K. valga*			*		
	月形腔轮虫	*Lecane luna*					*
	等刺异尾轮虫	*Trichocerca similis*	*	*	*	*	
	长刺异尾轮虫	*T. longiseta*		*			
	圆筒异尾轮虫	*T. cylindrica*		*		*	*
	针簇多肢轮虫	*Polyarthra trigla*	*	*	*	*	
	长肢多肢轮虫	*P. dolichoptera*	*				
	前节晶囊轮虫	*Asplanchna priodonta*	*			*	*
	截头皱甲轮虫	*Ploesoma truncatum*	*	*	*	*	*
	长三肢轮虫	*Filinia longiseta*		*	*		*
枝角类	长肢秀体溞	*Diaphanosoma leuchtenbergianum*	*		*		*
	短尾秀体溞	*Diaphanosoma brachyurum*		*			
	直额裸腹溞	*Moina rectirostris*		*			
	长额象鼻溞	*Bosmina longirostris*	*	*	*	*	*
	僧帽溞	*Daphnia cucullata*	*	*	*	*	*
桡足类	无节幼体	*Nauplius*	*	*	*	*	*
	桡足幼体	*Copepodite*	*	*	*	*	*
	汤匙华哲水蚤	*Sinocalanus dorrii*	*	*	*	*	*
	右突新镖水蚤	*Neodiaptomus schmackeri*	*	*		*	*
	近邻剑水蚤	*Cyclops vicinus*				*	
	广布中剑水蚤	*Mesocyclops leuckarti*	*	*	*	*	*

注：* 表示该种类出现且丰度大于 1 个 /L，以下同。

二、浮游动物种类组成的空间分布

春季浮游动物种类组成的空间分布情况如表 5-2 所示，共发现 4 个门类 12 个浮游动物种类（包括 1 种幼体），其中轮虫类 5 种，占种类总数的 41.7%；桡足类 3 种，占种类总数的 25.0%；枝角类和原生动物各 2 种，占种类总数的 16.7%。长额象鼻溞、无节幼体和广布中剑水蚤出现的频率很高，在 5 个监测站位中均有出现。中华拟铃壳虫、瘤棘砂壳虫、萼花臂尾轮虫和矩形龟甲轮虫出现的频率很低，仅在 1 个监测站位中出现。浑江口监测站位共发现 3 个门类 4 种浮游动物，其中轮虫类和枝角类各 1 种；振江镇共发现 4 个门类 7 种，其中轮虫类 3 种，桡足类 2 种，枝角类和原生动物各 1 种；沿江村共发现 3 个门类 6 种，其中轮虫类、枝角类和桡足类各 2 种；碑碣子村共发现 4 个门类 7 种，其中轮虫类、枝角类和桡足类各 2 种，原生动物 1 种；大坝共发现 3 个门类 6 种，其中轮虫类 1 种，枝角类 2 种，桡足类 3 种。各监测站位浮游动物种类从多到少的顺序为振江镇和碑碣子村、沿江村和大坝、浑江口，上下游差别不大。种类组成以轮虫类和枝角类为主，桡足类也占有一定比例。

表 5-2　水丰水库春季浮游动物种类组成

门类	种类	拉丁名	监测站位				
			浑江口	振江镇	沿江村	碑碣子村	大坝
原生动物	中华拟铃壳虫	*Tintinnopsis sinensis*		*			
	瘤棘砂壳虫	*Difflugia trberspinifera*				*	
轮虫类	萼花臂尾轮虫	*Brachionus calyciflorus*		*			
	矩形龟甲轮虫	*Keratella quadrate*			*		
	针簇多肢轮虫	*Polyarthra trigla*		*		*	
	前节晶囊轮虫	*Asplanchna priodonta*		*			
	长三肢轮虫	*Filinia longiseta*	*		*	*	*
枝角类	长额象鼻溞	*Bosmina longirostris*	*	*	*	*	*
	僧帽溞	*Daphnia cucullata*			*	*	*
桡足类	无节幼体	*Nauplius*	*	*	*	*	*
	近邻剑水蚤	*Cyclops vicinus*					*
	广布中剑水蚤	*Mesocyclops leuckarti*	*	*	*	*	*

夏季浮游动物种类组成的空间分布情况如表 5-3 所示，共发现 4 个门类 14 个浮游动物种类（包括 2 种幼体），其中轮虫类 7 种，占种类总数的 50%；桡足类 4 种，占种类总数的 28.6%；枝角类 2 种，占种类总数的 14.3%；原生动物 1 种，占种类总数的 7.1%。瘤棘砂壳虫、螺形龟甲轮虫、截头皱甲轮虫、长额象鼻溞、僧帽溞、无节幼体和桡足幼体出现的频率很高，在 5 个监测站位中均有出现。裂足臂尾轮虫、角突臂尾轮虫、壶状臂尾轮虫、汤匙华哲水蚤出现频率很低，仅在 1 个监测站位中出现。浑江口监测站位共发现 4 个门类 8 种浮游动物，其中轮虫类 3 种，枝角类和桡足类各 2 种，原生动物 1 种；振江镇共发 4 个门类 9 种，其中轮虫类和桡足类各 3 种，枝

角类2种，原生动物1种；沿江村共发现4个门类13种，其中轮虫类6种，桡足类4种，枝角类2种，原生动物1种；碑碣子村共发现4个门类9种，其中轮虫类和桡足类各3种，枝角类2种，原生动物1种；大坝共发现4个门类10种，其中轮虫类4种，桡足类3种，枝角类2种，原生动物1种。各监测站位种类从多到少的顺序为沿江村、大坝、振江镇和碑碣子村、浑江口。种类组成以轮虫类为主，枝角类和桡足类也占有一定比例。

表5-3　水丰水库夏季浮游动物种类组成

门类	种类	拉丁名	监测站位				
			浑江口	振江镇	沿江村	碑碣子村	大坝
原生动物	瘤棘砂壳虫	*Difflugia trberspinifera*	*	*	*	*	*
轮虫类	裂足臂尾轮虫	*Brachionus diversicornis*	*				
	角突臂尾轮虫	*B. angularis*			*		
	壶状臂尾轮虫	*B. urceus*			*		
	螺形龟甲轮虫	*Keratella cochlearis*	*	*	*	*	*
	针簇多肢轮虫	*Polyarthra trigla*		*	*		*
	前节晶囊轮虫	*Asplanchna priodonta*			*		*
	截头皱甲轮虫	*Ploesoma truncatum*	*	*	*	*	*
枝角类	长额象鼻溞	*Bosmina longirostris*	*	*	*	*	*
	僧帽溞	*Daphnia cucullata*	*	*	*	*	*
桡足类	无节幼体	*Nauplius*	*	*	*	*	*
	桡足幼体	*Copepodite*	*	*	*	*	*
	汤匙华哲水蚤	*Sinocalanus dorrii*			*		
	广布中剑水蚤	*Mesocyclops leuckarti*		*	*	*	*

　　秋季浮游动物种类组成的空间分布情况如表5-4所示，共发现4个门类26种浮游动物（包括2种幼体），其中轮虫类14种，占种类总数的53.8%；桡足类6种，占种类总数的23.1%；枝角类5种，占种类总数的19.2%；原生动物1种，占种类总数的3.8%。瘤棘砂壳虫、螺形龟甲轮虫、长额象鼻溞、无节幼体和广布中剑水蚤出现的频率很高，在5个监测站位中均有出现。截头皱甲轮虫、短尾秀体溞和直额裸腹溞出现频率很低，仅在1个监测站位中出现。浑江口监测站位共发现4个门类5种浮游动物，其中桡足类2种，原生动物、轮虫类和枝角类各1种；振江镇共发现4个门类19种，其中轮虫类10种，桡足类5种，枝角类3种，原生动物1种；沿江村共发现4个门类18种，其中轮虫类10种，桡足类4种，枝角类3种，原生动物1种；碑碣子村共发现4个门类14种，其中轮虫类和桡足类各5种，枝角类3种，原生动物1种；大坝共发现4个门类19种，其中轮虫类8种，枝角类和桡足类各5种，原生动物1种。各监测站位种类从多到少的顺序为大坝和振江镇、沿江村、碑碣子村、浑江口。除了浑江口外，其他站位种类数都比较大。种类组成以轮虫类为主，枝角类和桡足类也占有一定比例。

表 5-4　水丰水库秋季浮游动物种类组成

门类	种类	拉丁名	监测站位				
			浑江口	振江镇	沿江村	碑碣子村	大坝
原生动物	瘤棘砂壳虫	*Difflugia trberspinifera*	*	*	*	*	*
轮虫类	大肚鬚足轮虫	*Euchlanis dilatata*		*	*	*	*
	萼花臂尾轮虫	*Brachionus calyciflorus*		*	*		
	裂足臂尾轮虫	*B. diversicornis*			*	*	*
	角突臂尾轮虫	*B. angularis*			*		*
	矩形龟甲轮虫	*Keratella quadrata*		*			
	螺形龟甲轮虫	*K. cochlearis*	*	*	*	*	*
	曲腿龟甲轮虫	*K. valga*		*	*		
	月形腔轮虫	*Lecane luna*		*			
	等刺异尾轮虫	*Trichocerca similis*			*		*
	圆筒异尾轮虫	*T. cylindrica*		*			*
	针簇多肢轮虫	*Polyarthra trigla*			*	*	*
	长肢多肢轮虫	*P. dolichoptera*		*	*		*
	前节晶囊轮虫	*Asplanchna priodonta*		*	*		
	截头皱甲轮虫	*Ploesoma truncatum*		*			
枝角类	长肢秀体溞	*Diaphanosoma leuchtenbergianum*		*	*	*	*
	短尾秀体溞	*Diaphanosoma brachyurum*					*
	直额裸腹溞	*Moina rectirostris*					*
	长额象鼻溞	*Bosmina longirostris*	*	*	*	*	*
	僧帽溞	*Daphnia cucullata*		*	*	*	*
桡足类	无节幼体	*Nauplius*	*	*	*	*	*
	桡足幼体	*Copepodite*		*	*	*	*
	汤匙华哲水蚤	*Sinocalanus dorrii*		*		*	
	右突新镖水蚤	*Neodiaptomus schmackeri*			*	*	*
	近邻剑水蚤	*Cyclops vicinus*		*			*
	广布中剑水蚤	*Mesocyclops leuckarti*	*	*	*	*	*

　　初冬浮游动物种类组成的空间分布情况如表 5-5 所示，共发现 4 个门类 15 种浮游动物（包括 2 种幼体），其中轮虫类 6 种，占种类总数的 40%；桡足类 5 种，占种类总数的 33.3%；枝角类 3 种，占种类总数的 20%；原生动物 1 种，占种类总数的 6.7%。长额象鼻溞、无节幼体、桡足幼体和广布中剑水蚤出现的频率很高，在 5 个监测站位中均有出现。王氏拟铃壳虫、截头皱甲轮虫、长肢秀体溞出现频率很低，仅在 1 个监测站位中出现。浑江口监测站位共发现 3 个门类 7 种浮游动物，其中桡足类 4 种，枝角类 2 种，轮虫类 1 种；振江镇共发 3 个门类 10 种，其中桡足类 5 种，轮虫类 3 种，枝角类 2 种；沿江村共发现 4 个门类 10 种，其中轮虫类和桡足类各 4 种，

原生动物和枝角类各 1 种；碑碣子村共发现 3 个门类 9 种，其中桡足类 4 种，枝角类 3 种，轮虫类 2 种；大坝共发现 3 个门类 8 种，其中桡足类 4 种，轮虫类 3 种，枝角类 1 种。各监测站位种类从多到少的排序为振江镇和沿江村、碑碣子村、大坝、浑江口。种类组成以轮虫类为主，枝角类和桡足类均占有一定比例。

表 5-5　水丰水库初冬浮游动物种类组成

门类	种类	拉丁名	监测站位				
			浑江口	振江镇	沿江村	碑碣子村	大坝
原生动物	王氏拟铃壳虫	*Tintinnopsis wangi*			*		
轮虫类	萼花臂尾轮虫	*Brachionus calyciflorus*		*	*		
	螺形龟甲轮虫	*Keratella cochlearis*			*		*
	等刺异尾轮虫	*Trichocerca similis*		*	*	*	
	圆筒异尾轮虫	*T. cylindrica*					*
	针簇多肢轮虫	*Polyarthra trigla*		*	*	*	*
	截头皱甲轮虫	*Ploesoma truncatum*	*				
枝角类	长肢秀体溞	*Diaphanosoma leuchtenbergianum*				*	
	长额象鼻溞	*Bosmina longirostris*	*	*		*	*
	僧帽溞	*Daphnia cucullata*	*	*		*	
桡足类	无节幼体	*Nauplius*	*	*	*	*	*
	桡足幼体	*Copepodite*	*	*	*	*	*
	汤匙华哲水蚤	*Sinocalanus dorrii*		*	*		
	右突新镖水蚤	*Neodiaptomus schmackeri*	*	*		*	*
	广布中剑水蚤	*Mesocyclops leuckarti*	*	*		*	*

第二节　水丰水库浮游动物丰度分布特征

一、浮游动物丰度的时间分布

水丰水库各监测站位浮游动物丰度随时间的变化情况如图 5-1 所示，最大值出现在 2015 年 8 月的大坝监测站位，为 484 个 /L，总平均值为 36 个 /L。在三年 4 月的调查中，浮游动物丰度最大值出现在 2019 年的沿江村，为 16 个 /L；最小值出现在 2019 年的浑江口，为 0.5 个 /L；各年 4 月总平均值为 5 个 /L。在一年 5 月的调查中，浮游动物丰度最大值出现在大坝，为 130 个 /L；最小值出现在振江镇，为 3 个 /L；5 月平均值为 36 个 /L。在四年 6 月的调查中，浮游动物丰度最大值出现在 2015 年的沿江村，为 172 个 /L；最小值出现在 2019 年的振江镇，为 2 个 /L；各年 6 月总平均值为 29 个 /L。在一年 7 月的调查中，浮游动物丰度最大值出现在振江镇，为 86 个 /L；最小值出现在浑江口，为 3 个 /L；7 月平均值为 29 个 /L。在四年 8 月的调查中，浮游动物丰度最大值出现在 2015 年的大坝，为 484 个 /L；最小值出现在 2019 年的浑江口，为 1 个 /L；各年 8 月总平均值

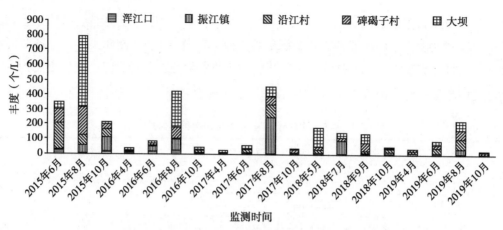

图 5-1 水丰水库各监测站位浮游动物丰度随时间的变化

为 95 个 /L。在一年 9 月的调查中，浮游动物丰度最大值出现在大坝，为 55 个 /L；最小值出现在浑江口，为 2 个 /L；9 月平均值为 27 个 /L。在五年 10 月的调查中，浮游动物丰度最大值出现在 2015 年的振江镇，为 98 个 /L；最小值出现在 2019 年的大坝，为 0.5 个 /L；各年 10 月总平均值为 44.5 个 /L。各月浮游动物丰度平均值从大到小的顺序为 8 月、10 月、5 月、7 月、6 月、9 月、4 月。

各监测站位浮游动物丰度随季节的变化情况如图 5-2 所示。春季浮游动物丰度最大值出现在 2018 年的大坝，为 130 个 /L；最小值出现在 2019 年的浑江口，为 0.5 个 /L，平均值为 13 个 /L。夏季浮游动物丰度最大值出现在 2015 年的沿江村，为 172 个 /L；最小值出现在 2019 年的振江镇，为 2 个 /L；平均值为 29 个 /L。秋季浮游动物丰度最大值出现在 2015 年的大坝，为 484 个 /L；最小值出现在 2019 年的浑江口，为 1 个 /L；平均值为 82 个 /L。初冬浮游动物丰度最大值出现在 2015 年的振江镇，为 98 个 /L；最小值出现在 2019 年的沿江村，为 0.5 个 /L；平均值为 15 个 /L。各季节浮游动物丰度平均值从大到小的顺序为秋季、夏季、初冬、春季，春季至秋季逐渐增大并达到全年最大值，之后开始减小。

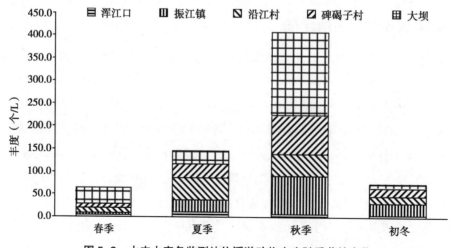

图 5-2 水丰水库各监测站位浮游动物丰度随季节的变化

　　各监测站位浮游动物丰度的年平均值如图 5-3 所示。2015 年浮游动物丰度最大值出现在大坝，为 183 个 /L；最小值出现在浑江口，为 13 个 /L，平均值为 91 个 /L。2016 年浮游动物丰度最大值出现在大坝，为 68 个 /L；最小值出现在沿江村，为 10 个 /L；平均值为 29 个 /L。2017 年浮游动物丰度最大值出现在振江镇，为 66 个 /L；最小值出现在浑江口，为 2 个 /L；平均值为 28 个 /L。2018 年浮游动物丰度最大值出现在大坝，为 57 个 /L；最小值出现在浑江口，为 5 个 /L；平均值为 26 个 /L。2019 年浮游动物丰度最大值出现在沿江村，为 30 个 /L；最小值出现在浑江口，为 3 个 /L；平均值为 19 个 /L。各年浮游动物丰度平均值从大到小的顺序为 2015 年、2016 年、2017 年、2018 年、2019 年，呈逐年递减趋势。

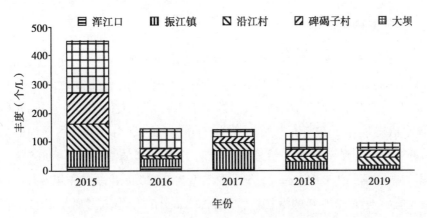

图 5-3　水丰水库各监测站位浮游动物丰度的年际变化

二、浮游动物丰度的空间分布

　　各季节浮游动物丰度随空间的变化情况如图 5-4 所示。春季浑江口至振江镇监测站位浮游动物丰度无明显变化；振江镇至沿江村略有增大；沿江村至碑碣子村略有减小；碑碣子村至大坝有一定程度的增大；总体上都比较小，变化幅度不大。夏季浑江口至沿江村浮游动物丰度逐渐增大，上升幅度较大，过程平稳，变化曲线呈一条直线；沿江村至大坝逐渐减小，下降幅度不大。秋季浑江口至振江镇浮游动物丰度急剧增大；振江镇至沿江村开始较小；沿江村至大坝逐渐增大，上升幅度较大。初冬浑江口至振江镇浮游动物丰度有一定

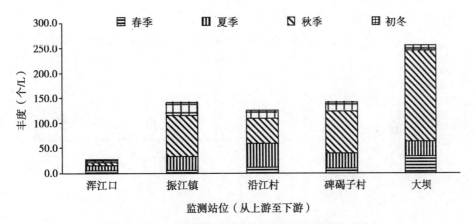

图 5-4　水丰水库各季节浮游动物丰度随空间的变化

程度的增大；振江镇至沿江村略有减小；沿江村至碑碣子村无明显变化；碑碣子村至大坝略有减小。从中可以看出，浮游动物丰度的空间变化除了秋季比较剧烈以外，其他季节很小，且数值较低。各监测站位浮游动物丰度平均值从大到小的顺序为大坝（65 个 /L）、振江镇（37 个 /L）、碑碣子村（36 个 /L）、沿江村（32 个 /L）、浑江口（7 个 /L）。上游至下游大体上呈逐渐增大趋势。

第三节　水丰水库浮游动物生物量的分布特征

一、浮游动物生物量的时间分布

水丰水库各监测站位浮游动物生物量随时间的变化情况如图 5-5 所示，最大值出现在 2017 年 8 月的振江镇，为 4.256 mg/L；最小值出现在 2017 年 10 月的浑江口，为 0.000 1 mg/L；总平均值为 0.317 mg/L。在三年 4 月的调查中，浮游动物生物量最大值出现在 2019 年的振江镇，为 0.034 mg/L；最小值出现在 2017 年的沿江村，为 0.000 4 mg/L；各年 4 月总平均值为 0.012 mg/L。在一年 5 月的调查中，浮游动物生物量最大值出现在 2018 年的沿江村，为 0.528 mg/L；最小值出现在 2018 年的振江镇，为 0.017 mg/L；5 月平均值为 0.220 mg/L。在四年 6 月的调查中，浮游动物生物量最大值出现在 2019 年的沿江村，为 1.362 mg/L；最小值出现在 2017 年的浑江口，为 0.001 mg/L，各年 6 月总平均值为 0.291 mg/L。在一年 7 月的调查中，浮游动物生物量最大值出现在振江镇，为 1.715 mg/L；最小值出现在浑江口，为 0.002 mg/L；7 月平均值为 0.356 mg/L。在四年 8 月的调查中，浮游动物生物量最大值出现在 2017 年的振江镇，为 4.256 mg/L；最小值出现在 2015 年的浑江口，为 0.000 3 mg/L；各年 8 月总平均值为 0.721 mg/L。在一年 9 月的调查中，最大值出现在碑碣子村，为 0.306 mg/L；最小值出现在浑江口，为 0.005 mg/L；9 月平均值为 0.093 mg/L。在五年 10 月的调查中，浮游动物生物量最大值出现在 2015 年的振江镇，为 4.188 mg/L；最小值出现在 2017 年的浑江口，为 0.000 1 mg/L；各年 10 月总平均值为 0.256 mg/L。各月浮游动物生物量平均值从大到小的顺序为 8 月、7 月、6 月、10 月、5 月、9 月、4 月。从中可以看出，浮游动物生物量从 4—8 月逐渐增大并达到全年最大值，8—10 月开始减小。

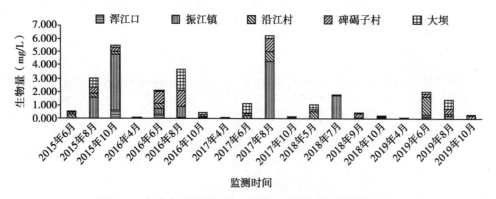

图 5-5　水丰水库各监测站位浮游动物生物量随时间的变化

各监测站位浮游动物生物量随季节的变化情况如图 5-6 所示。春季浮游动物生物量最大值出现在 2018 年的沿江村，为 0.528 mg/L；最小值出现在 2017 年的沿江村，为 0.000 4 mg/L，平均值为 0.064 mg/L。夏季浮游动物生物量最大值出现在 2018 年的振江镇，为 1.715 mg/L；最小值出现在 2017 年的浑江口，为 0.001 mg/L；平均值为 0.304 mg/L。秋季浮游动物生物量最大值出现在 2017 年的振江镇，为 4.256 mg/L；最小值出现在 2015 年的浑江口，为 0.000 3 mg/L，平均值为 0.595 mg/L。初冬浮游动物生物量最大值出现在 2015 年的振江镇，为 4.188 mg/L；最小值出现在 2016 年的大坝，为 0.000 1 mg/L，平均值为 0.256 mg/L。各季节浮游动物生物量平均值从大到小的顺序为秋季、夏季、初冬、春季。浮游动物生物量季节变化规律与丰度一样：春季至秋季逐渐增大并达到全年最大值，秋季至初冬逐渐减小。

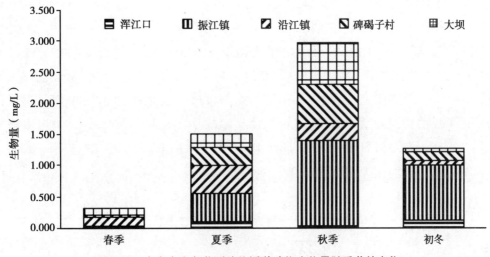

图 5-6 水丰水库各监测站位浮游动物生物量随季节的变化

各监测站位浮游动物生物量的年平均值如图 5-7 所示。2015 年浮游动物生物量最大值出现在振江镇，为 1.926 mg/L；最小值出现在浑江口，为 0.218 mg/L，年平均值为 0.599 mg/L。2016 年浮游动物生物量最大值出现在碑碣子村，为 0.559 mg/L；最小值出现在浑江口，为 0.116 mg/L；年平均值为 0.312 mg/L。2017 年浮游动物生物量最大值出现在振江镇，为 1.087 mg/L；最小值出现在浑江口，为 0.003 mg/L，年平均值为 0.379 mg/L。2018 年浮游动物生物量最大值出现在振江镇，为 0.445 mg/L；最小值出现在浑江口，为 0.012 mg/L，年平均值为 0.177 mg/L。2019 年浮游动物生物量最大值出

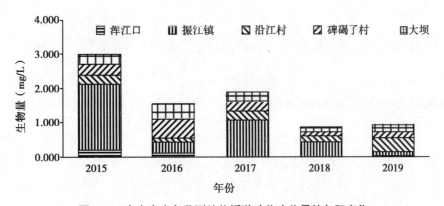

图 5-7 水丰水库各监测站位浮游动物生物量的年际变化

现在沿江村，为 0.408 mg/L；最小值出现在浑江口，为 0.049 mg/L；年平均值为 0.191 mg/L。各年浮游动物生物量平均值从大到小的顺序为 2015 年、2017 年、2016 年、2019 年、2018 年，大致呈逐年减小的趋势。

二、浮游动物生物量的空间分布

各季节浮游动物生物量随空间的变化情况如图 5-8 所示。春季浑江口至振江镇监测站位浮游动物生物量无变化；振江镇至沿江村略有增大；沿江村至碑碣子村略有减小；碑碣子村至大坝略有增大；春季浮游动物生物量整体上变化不大，数值较低。夏季浑江口至振江镇浮游动物生物量明显增大；振江镇至沿江村无变化；沿江村至大坝逐渐减小。秋季浑江口至振江镇浮游动物生物量急剧增大；振江镇至沿江村又急剧减小；沿江村至碑碣子村明显增大；碑碣子村至大坝无变化。初冬浑江口至振江镇浮游动物生物量急剧增大，振江镇至沿江村急剧减小；沿江村至碑碣子村略有增大；碑碣子村至大坝略有减小。由此可知，春季和夏季变化规律比较相似，表现为上游至中游浮游动物生物量逐渐增大至最大值，之后开始减小，整体上变化幅度不大；秋季和初冬变化规律比较相似，表现为浑江口至振江镇浮游动物生物量急剧增大，之后开始减小。各监测站位浮游动物生物量平均值从大到小的顺序为振江镇（0.716 mg/L）、碑碣子村（0.292 mg/L）、大坝（0.267 mg/L）、沿江村（0.240 mn/L）、浑江口（0.072 mg/L）。

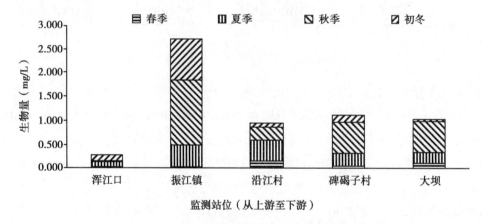

图 5-8　水丰水库各季节浮游动物生物量随空间的变化

第四节　水丰水库浮游动物多样性指数分布特征

一、浮游动物多样性指数的时间分布

调查期间，水丰水库各监测站位浮游动物 Shannon-Wiener 多样性指数（本节以下简称"浮游动物多样性指数"）随时间变化情况如图 5-9 所示，浮游动物多样性指数最大值出现在 2019 年 8 月的大坝监测站位，为 3.33；最小值出现在 2016 年 4 月的振江镇，为 0.01；总平均值为 1.59。在三年 4 月的调查中，浮游动物多样性指数最大值出现在 2019 年的振江镇，为 2.41；最小值出

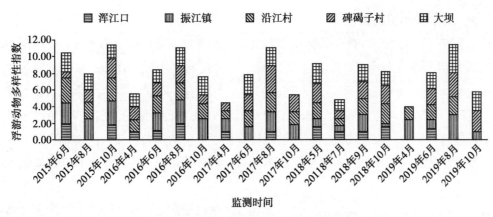

图 5-9　水丰水库各监测站位浮游动物多样性指数随时间的变化

现在 2016 年的振江镇，为 0.01；各年 4 月总平均值为 0.93。在一年 5 月的调查中，浮游动物多样性指数最大值出现在大坝，为 2.33；最小值出现在振江镇，为 0.92；5 月总平均值为 1.81。在四年 6 月的调查中，浮游动物多样性指数最大值出现在 2015 年的沿江村，为 3，最小值出现在 2017 年的浑江口，为 0.02；各年 6 月总平均值为 1.73。在一年 7 月的调查中，浮游动物多样性指数最大值出现在大坝，为 1.21；最小值出现在振江镇，为 0.75；7 月总平均值为 0.95。在四年 8 月的调查中，浮游动物多样性指数最大值出现在 2019 年的大坝，为 3.33；最小值出现在 2019 年的浑江口，为 0.02；各年 8 月总平均值为 2.07。在一年 9 月的调查中，浮游动物多样性指数最大值出现在碑碣子村，为 2.1；最小值出现在浑江口，为 1；9 月平均值为 1.81。在五年 10 月的调查中，浮游动物多样性指数最大值出现在 2015 年的振江镇，为 2.89；最小值出现在 2016 年的浑江口，为 0.02；各年 10 月总平均值为 1.53。各月浮游动物多样性指数平均值从大到小的顺序为 8 月、9 月、5 月、6 月、10 月、7 月、4 月。根据"营养类型评价的藻类生物学指标与标准"（见表 1-2），4 月和 7 月为重污染类型，其余各月均为中污染类型。

各监测站位浮游动物多样性指数的季节平均值如图 5-10 所示，最大值出现在秋季振江镇，为 2.53；最小值出现在初冬浑江口，为 0.66。春季浮游动物多样性指数最大值出现在沿江村，为 1.47；最小值出现在浑江口，为 0.88；总平均值为 1.15。夏季浮游动物多样性指数最大值出现在

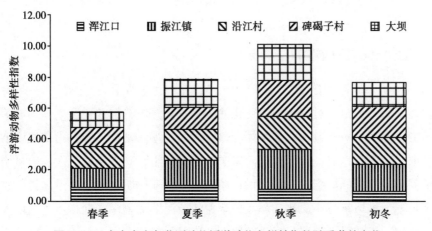

图 5-10　水丰水库各监测站位浮游动物多样性指数随季节的变化

沿江村，为 1.96；最小值出现在浑江口，为 1.05；总平均值为 1.57。秋季浮游动物多样性指数最大值出现在振江镇，为 2.53；最小值出现在浑江口，为 0.78；总平均值为 2.01。初冬浮游动物多样性指数最大值出现在碑碣子村，为 1.99；最小值出现在大坝，为 0.66；总平均值为 1.53。各季节浮游动物多样性指数总平均值从大到小的顺序为秋季、夏季、初冬、春季。季节变化规律为：春季至秋季逐渐增大并达到全年最大值，秋季至初冬逐渐减小。这是因为随着水温升高，浮游植物大量繁殖，生物量大大增加，为浮游动物提供了丰富的饵料，使得浮游动物很多种类开始大量生长繁殖，最终使多样性增加。到了秋冬季节，水温开始降低，整个过程开始向相反的方向发展。

各监测站位浮游动物多样性指数的年平均值如图 5-11 所示。2015 年浮游动物多样性指数最大值出现在振江镇，为 2.66；最小值出现在浑江口，为 1.21，年平均值为 1.97。2016 年浮游动物多样性指数最大值出现在振江镇，为 1.88；最小值出现在浑江口，为 0.99；年平均值为 1.62。2017 年浮游动物多样性指数最大值出现在碑碣子村，为 2.07；最小值出现在浑江口，为 0.5，年平均值为 1.44。2018 年浮游动物多样性指数最大值出现在碑碣子村，为 1.88；最小值出现在振江镇，为 1.01，年平均值为 1.55。2019 年浮游动物多样性指数最大值出现在大坝，为 1.86；最小值出现在浑江口，为 0.34；年平均值为 1.45。各年浮游动物多样性指数平均值从大到小的顺序为 2015 年、2016 年、2018 年、2019 年、2017 年，大致呈逐年减小的趋势。

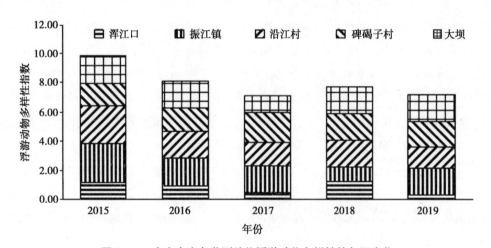

图 5-11　水丰水库各监测站位浮游动物多样性的年际变化

二、浮游动物多样性指数的空间分布

各季节浮游动物多样性指数随空间的变化情况如图 5-12 所示。春季浑江口至沿江村浮游动物多样性指数逐渐增大，上升过程平稳，变化曲线呈一条直线；沿江村至大坝逐渐减小，下降过程同样平稳，变化曲线呈一条直线。夏季浑江口至沿江村浮游动物多样性指数逐渐增大，上升过程平稳，变化曲线呈一条直线；沿江村至碑碣子村明显减小，碑碣子村至大坝明显增大。秋季浑江口至振江镇浮游动物多样性指数急剧增大；振江镇至沿江村明显减小；沿江村至碑碣子村略有增大；碑碣子村至大坝略有减小。初冬浑江口至振江镇浮游动物多样性指数急剧增大，振江镇至沿江村无明显变化；沿江村至碑碣子村略有增大；碑碣子村至大坝明显减小。各监测站位浮游动物多样性指数平均值从大到小的顺序为沿江村（1.83）、振江镇（1.79）、碑碣子村（1.77）、大坝（1.7）、浑江口（0.84），空间变化规律与浮游植物正好相反：上游浑江口至中游沿江村逐渐增大，之后逐渐减小。根据"营养类型评价的藻类生物学指标与标准"（见表1–2），除浑江口监测站位为重污染类型外，其余各监测站位均为中污染类型。

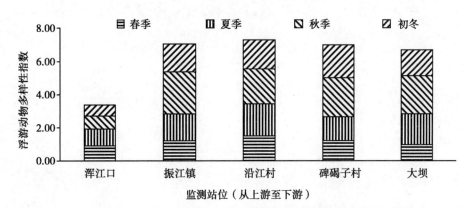

图 5-12　水丰水库各季节浮游动物多样性随空间的变化

第六章　水丰水库初级生产力评估

第一节　叶绿素 a 方法评估水丰水库初级生产力

一、叶绿素含量与初级生产力的关系

叶绿素含量、生物量、生产量是浮游生物生态学研究中最常用的三个指标。其中叶绿素含量与生物量属于静态指标，仅表示某一时刻单位水体中所含叶绿素或藻类细胞的重量，故统称现存量（standing crop）。生产量则是一个动态指标，它表示在给定的空间内，通过一定时间合成有机物质的含量。这三个指标虽各不相同，但相互依存。同时测定这三个指标就能从不同角度阐明水体中浮游藻类的结构与功能，亦可解决生产中的某些应用问题。

不同水体或同一水体的不同季节，单位空间中浮游植物的丰度和生物量均不相同。藻类种类组成不同、生态环境不同，叶绿素在藻类细胞中的相对含量也有较大差异。浮游植物的生产量除受自身叶绿素含量、生物量的制约之外，还受水体中光照强度、营养物含量、水温等环境因子的影响。

内陆水体除了分为流水、静水外，在面积、深度、形态、盐度、碱度、混浊度、营养物含量等理化因素上的差异很悬殊。一般说来，内陆水域的生态环境比海洋复杂。在人口密集的地区，人类活动对水环境的影响非常大。我们在研究叶绿素含量与生产量、生物量之间关系时，必须注意这种差异带来的影响。

二、水丰水库叶绿素 a 含量的时间分布

水丰水库各监测站位叶绿素 a 含量随时间的变化情况如图 6-1 所示，最大值出现在 2016 年 8 月的浑江口，为 23.83 μg/L；最小值出现在 2018 年 7 月的浑江口，为 2.06 μg/L；总平均值为 7.39 μg/L。在三年 4 月的调查中，叶绿素 a 含量最大值出现在 2016 年的浑江口，为 20.05 μg/L；最小值出现在 2016 年的大坝，为 3.02 μg/L；各年 4 月总平均值为 8.56 μg/L。在一年的 5 月调查中，叶绿素 a 含量最大值出现在大坝，为 10.20 μg/L；最小值出现在碑碣子村，为 4.29 μg/L；5 月平均值为 6.47 μg/L。在四年 6 月的调查中，叶绿素 a 含量最大值出现在 2019 年的振江镇，为 11.13 μg/L；最小值出现在 2017 年的浑江口，为 2.16 μg/L，各年 6 月总平均值为 4.27 μg/L。在一年 7 月的调查中，叶绿素 a 含量最大值出现在沿江村，为 8.63 μg/L；最小值出现

在浑江口，为 2.06 μg/L；7 月平均值为 5.68 μg/L。在四年 8 月调查中，叶绿素 a 含量最大值出现在 2016 年的浑江口，为 23.83 μg/L；最小值出现在 2017 年的浑江口，为 3.16 μg/L；各年 8 月总平均值为 11.22 μg/L。在一年 9 月的调查中，叶绿素 a 含量最大值出现在沿江村，为 12.39 μg/L；最小值出现在浑江口，为 4.13 μg/L；9 月平均值为 8.46 μg/L。在五年 10 月调查中，叶绿素 a 含量最大值出现在 2015 年的振江镇，为 13.45 μg/L；最小值出现在 2017 年的碑碣子村，为 3.03 μg/L；各年 10 月总平均值为 6.45 μg/L。各月叶绿素 a 含量平均值从大到小的顺序为 8 月、4 月、9 月、5 月、10 月、7 月、6 月，4—6 月逐渐减小；6—8 月逐渐增大；8—10 月逐渐减小。

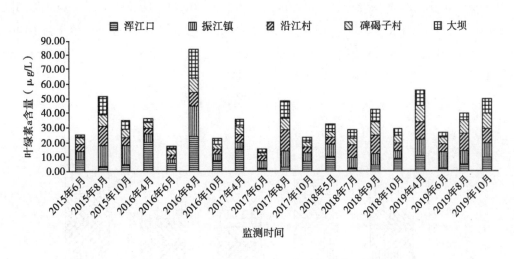

图 6-1　水丰水库各监测站位叶绿素 a 含量随时间的变化

　　各监测站位叶绿素 a 含量的季节平均值如图 6-2 所示。春季叶绿素 a 含量最大值出现在浑江口，为 14.06 μg/L；最小值出现在碑碣子村，为 5.94 μg/L；总平均值为 8.04 μg/L。夏季叶绿素 a 含量最大值出现在振江镇，为 6.58 μg/L；最小值出现在大坝，为 3.23 μg/L；总平均值为 4.56 μg/L。秋季叶绿素 a 含量最大值出现在振江镇，为 12.88 μg/L；最小值出现在浑江口，为 7.81 μg/L；总平均值为 10.67 μg/L。初冬叶绿素 a 含量最大值出现在振江镇，为 7.75 μg/L，最小值出现在浑江口，为 5.5 μg/L；总平均值为 6.45 μg/L。各季节叶绿素 a 含量总平均值从大到小的顺序为秋季、

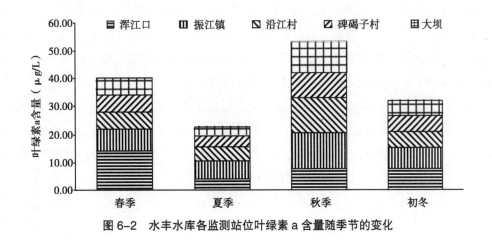

图 6-2　水丰水库各监测站位叶绿素 a 含量随季节的变化

春季、初冬、夏季，春季到夏季逐渐减小；夏季到秋季逐渐增大并达到全年最高值；秋季至初冬逐渐减小；这与浮游植物生物量分布规律比较接近。

各监测站位叶绿素 a 含量的年平均值如图 6-3 所示，最大值出现在 2016 年的浑江口，为 14.27 μg/L；最小值出现在 2017 年的碑碣子村，为 4.57 μg/L。2015 年叶绿素 a 含量最大值出现在振江镇，为 11.30 μg/L；最小值出现在浑江口，为 5.41 μg/L；年平均值为 7.52 μg/L。2016 年叶绿素 a 含量最大值出现在浑江口，为 14.27 μg/L；最小值出现在沿江村，为 4.84 μg/L；年平均值为 8.07 μg/L。2017 年叶绿素 a 含量最大值出现在浑江口，为 6.88 μg/L；最小值出现在碑碣子村，为 4.57 μg/L，年平均值为 6.14 μg/L。2018 年叶绿素 a 含量最大值出现在沿江村，为 7.58 μg/L；最小值出现在大坝，为 5.91 μg/L；年平均值为 6.63 μg/L。2019 年叶绿素 a 含量最大值出现在振江镇，为 10.46 μg/L，最小值出现在浑江口，为 6.72 μg/L；年平均值为 8.65 μg/L。各年叶绿素 a 含量平均值从大到小的顺序为 2019 年、2016 年、2015 年、2018 年、2017 年。

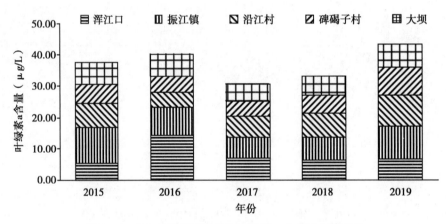

图 6-3　水丰水库各监测站位叶绿素 a 含量的年际变化

三、水丰水库叶绿素 a 含量的空间分布

各季节叶绿素 a 含量随空间的变化情况如图 6-4 所示。春季浑江口至振江镇叶绿素 a 含量急剧减小；振江镇至碑碣子村逐渐降低，下降幅度不大；碑碣子村至大坝无明显变化。夏季浑江口至振江镇叶绿素 a 含量明显增大；振江镇至大坝逐渐减小，下降过程平稳，变化曲线呈一条直线。秋季浑江口至振江镇叶绿素 a 含量急剧增大；振江镇至沿江村略有减小；沿江村至碑碣子村大幅度减小；碑碣子村至大坝又大幅度回升。初冬浑江口至振江镇叶绿素 a 含量无明显变化；振江镇至沿江村有一定幅度的减小；沿江村至大坝无明显变化。各监测站位叶绿素 a 含量平均值从大到小的顺序为振江镇（8.81μg/L）、浑江口（8.06 μg/L）、沿江村（7.33 μg/L）、大坝（6.6 μg/L）、碑碣子村（6.18 μg/L）。综上所述，叶绿素 a 含量空间变化总体上表现为：浑江口至振江镇略有增大；振江镇至碑碣子村逐渐减小；碑碣子村至大坝有小幅回升。

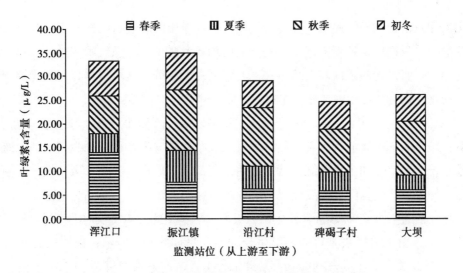

图 6-4　水丰水库各季节叶绿素 a 含量随空间的变化

四、叶绿素 a 含量估算水丰水库初级生产力

根据 Cadee（1975）公式，将叶绿素 a 含量转换为初级生产力（以碳计），公式如下：

$$P_C=(Ps \cdot E \cdot D)/2, \quad Ps=C_a \cdot Q$$

式中，P_C 为以碳计水柱毛产量 $[mg/(m^2 \cdot d)]$；Ps 为表层水中浮游植物的潜在生产力 $[mg/(m^3 \cdot h)]$，以碳计；E 为真光层深度（m），取透明度的 3 倍；D 为每天日照时间（h），按 12 h 计；C_a 为表层水中叶绿素 a 的含量（mg/m^3），Q 为同化系数，取国内学者王骥等（1984）引用的经验值 3.98。这样求得：

2015 年水丰水库平均水柱毛产量 P_C=（7.52 mg/m³×3.98×7.74 m×12 h）/2=1 389.9 mg/（m²·d）；

2016 年水丰水库平均水柱毛产量 P_C=（8.07 mg/m³×3.98×7.74 m×12 h）/2=1 491.6 mg/（m²·d）；

2017 年水丰水库平均水柱毛产量 P_C=（6.14 mg/m³×3.98×7.74 m×12 h）/2=1 134.9 mg/（m²·d）；

2018 年水丰水库平均水柱毛产量 P_C=（6.63 mg/m³×3.98×7.74 m×12 h）/2=1 225.4 mg/（m²·d）；

2019 年水丰水库平均水柱毛产量 P_C=（8.65 mg/m³×3.98×7.74 m×12 h）/2=1 598.8 mg/（m²·d）；

总平均水柱毛产量为 1 368.1 mg/（m²·d）。

第二节　黑白瓶法估算水丰水库初级生产力

浮游生物的光合作用和呼吸作用可视作一对逆反应。光合作用中氧的产生和有机物的生成存在一定的当量关系，呼吸作用中氧的消耗和有机物的分解也同样存在一定的当量关系。通过测定水中溶氧量的变化可以间接地计算出有机物质的生成量或消耗量，这就是黑白瓶测氧法的基本原理。

所谓黑瓶，指的是用套上黑布袋（或用涂漆等其他方式遮光方法）而完全不透光的玻璃瓶；所谓白瓶，指的是完全透明的玻璃瓶。根据上述原理，黑白瓶测氧法具体方法就是将带有与所调查水域完全相同的浮游植物样品的黑瓶与白瓶同时悬挂于水中进行一定时间的曝光，黑瓶中的浮游植物由于得不到光照，只能发挥呼吸作用，经过一定时间，黑瓶中的溶解氧必将减少；与此同时，白瓶中的浮游植物在光的照射下，光合作用与呼吸作用同时进行，白瓶中的溶氧量将随着光合作用生成氧与呼吸作用消耗氧的速度的差异而增加或者减少，当天气晴朗时，白瓶中的溶解氧一般会明显增加。假设光照条件与黑暗条件下的呼吸强度相等，就可根据挂瓶曝光期间黑、白瓶中溶解氧的变化计算出光合作用与呼吸作用的强度。

各挂瓶水层生产量的计算方法：毛产量＝白瓶溶解氧－黑瓶溶解氧；呼吸量＝初始溶解氧－黑瓶溶解氧；净产量＝白瓶溶解氧－初始溶解氧，或净产量＝毛产量－呼吸量。黑白瓶法的优点在于对流水系统、河口湾和污水系统都特别适用，尤其适宜于富营养化水域，操作简便、价格低廉。缺点是取样中异养生物的数量变化也会使呼吸消耗偏离正常值，尤其是细菌，它的耗氧往往可以达到总呼吸量的 40%~60%，常常使生产力被低估。鉴于此，本书仅对毛产量进行估算。

水丰水库各年用黑白瓶法测得的初级生产力毛产量如图 6-5 所示，根据相关文献氧含量与碳含量之间的换算关系为 1 mg=0.30 mg，将 24 h 水柱氧含量增量换算成相应的水柱碳含量，关系式如下：水柱碳含量 =333.3× 氧含量。根据以上分析，水丰水库 2015 年平均水柱毛产量 P_C=333.3 × 3.15=1 049.9 mg/（m^2·d）；2016 年平均水柱毛产量 P_C=333.3×1.60=533.3 mg/（m^2·d）；2017 年平均水柱毛产量 P_C=333.3 × 2.93=976.6 mg/（m^2·d）；2018 年平均水柱毛产量 P_C=333.3 × 3.41=1 136.6 mg/（m^2·d）。总平均水柱毛产量为 924.6 mg/（m^2·d），与叶绿素法估算水库水柱毛产量值有一定差距，还需要通过其他多种方法综合比较才能得到最接近于真实情况的数值。

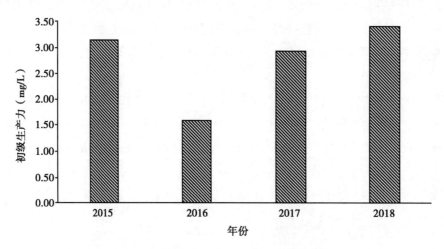

图 6-5　水丰水库初级生产力毛产量年际变化

利用浮游生物的生物量来估算水库湖泊的渔产潜力是国内外常用的一种方法，但国外一般是对一些底栖或营养级别较高的鱼类进行估算，而国内主要以鲢和鳙等淡水养殖鱼类为估算对象，具有很大的偏差。鱼类的食性、水体的营养类型及不同的地区，参照的 P/B 系数、饵料系数和饵料利用率也不同，估算的结果也大不一样。根据何志辉（1982b）利用浮游生物重量指标测算鲢的鱼产力方法，我们对水丰水库鲢、鳙的鱼产力进行测算。

鲢的鱼产力＝浮游植物生产量 × 可利用率 ÷ 饵料系数＝浮游植物现存量 × 系数（P/B）× 可利用率 ÷ 饵料系数。

鳙的鱼产力＝浮游动物生产量 × 可利用率 ÷ 饵料系数＝浮游动物现存量 × 系数（P/B）× 可利用率 ÷ 饵料系数。

按能量转化效率估算，P/B 系数浮游植物取 50，浮游动物取 20；浮游植物利用率取 30%，浮游动物利用率取 40%；饵料系数浮游植物取 30，浮游动物取 10。

水丰水库浮游植物生物量平均为 1.03 mg/L，全水库面积 357 km²，平均水深 38.1 m，单位水面积可提供的浮游植物现存量为 392.4 kg/hm²，则浮游植物可提供鲢的鱼产力为 $392.4 \times 50 \times 30\% \div 30 = 196.2$ kg/hm²；全水库鲢的鱼产力约 7 004.3 t。

水丰水库浮游动物生物量平均为 0.32 mg/L，全水库面积 357 km²，平均水深 38.1 m，浮游动物现存生物量为 121.9 kg/hm²，浮游动物提供鳙的鱼产力为 $121.9 \times 20 \times 40\% \div 10 = 97.5$ kg/hm²，全水库鳙的鱼产力约 3 480.7 t。

从计算结果来看，水丰水库全年鲢、鳙的鱼产力估算远高于实际渔获量，说明目前水丰水库的浮游生物的利用率较低，建议今后加大鲢、鳙鱼种的投放量，使水体生产力得到充分的利用，同时有利于控制水体富营养化的过程。

参考书目

蔡庆华，1993.武汉东湖富营养化的综合评价［J］.海洋与湖沼，24（4）：335–339.

冯建设，1999.白洋淀浮游植物与水质评价［J］.江苏环境科技，2：27–29.

郭沛通，林育真，李玉仙，1997.东平湖浮游植物与水质评价［J］.海洋湖沼通报，4：37–42.

国家环境保护总局，《水和废水监测分析方法》编委会，2002.水和废水监测分析方法［M］.北京：中国环境科学出版社.

韩茂森，束蕴芳，1995.中国淡水生物图谱［M］.北京：海洋出版社.

何志辉，1982a.浮游生物量和鱼产力［J］.淡水渔业，4：21–24.

何志辉，1982b.湖泊水库鱼产力的估算［J］.水产科技情报，4：2–5.

胡鸿钧，魏印心，2006.中国淡水藻类：系统、分类及生态［M］.北京：科学出版社.

蒋燮治，堵南山，1979.中国动物志—淡水枝角类［M］.北京：科学出版社.

况琪军，金凡澈，1999.朝国南汉河的浮游植物及营养水平［J］.长江流域资源与环境，2：221–226.

况琪军，马沛明，胡征宇，等，2005.湖泊富营养化的藻类生物学评价与治理研究进展［J］.安全与环境学报.5（2）：87–91.

李秋华，韩博平，2007.基于CCA的典型调水水库浮游植物群落动态特征分析［J］.生态学报，27（6）：2355–2364.

李永函，赵文，2002.水产饵料生物学［M］.大连：大连出版社.

刘健康，1999.高级水生生物学［M］.北京.科学出版社.326–333.

卢全章，1987.环境和指示生物（水域分册）［M］.北京：中国环境科学出版社.

栾青杉，孙军，宋书群，等，2007.长江口夏季浮游植物群落与环境因子的典范对应分析［J］.植物生态学报，31（3）：445–450.

孙军，刘东艳，2004.多样性指数在海洋浮游植物研究中的应用［J］.海洋学报，1：62–75.

王骥，王健，1984.浮游植物叶绿素含量、生物量、生产量相互换算中的若干问题［J］.武汉植物学研究，02：249–258.

王家楫，1961.中国淡水轮虫志［M］.北京：科学出版社.

张金屯，1992.植被与环境关系的分析Ⅱ.CCA和DCCA限定排序［J］.山西大学学报（自然科学版），15（3）：292–298.

张宗涉，黄祥飞，1995.淡水浮游生物研究方法［M］.北京：科学出版社.

中国科学院动物所甲壳动物研究组，1979. 中国动物志—淡水桡足类［M］. 北京：科学出版社.

ABRANTES N, ANTUNES S C, PEREIRA M J, et al, 2006. Seasonal succession of cladocerans and phytoplankton and their interactions in a shallow eutrophic lake（Lake Vela, Portugal）［J］. Acta Oecologica, 29：54-64.

CADEE G C. 1975. Primary production of the Guyana coast［J］. Northerlands Journal of Sea Research, 1:128-143.

CAI QINGHUA, 1993. Comprehensive evaluation on Eutrophication of East Lake［J］. Oceanology and Limnology, 24（4）: 335-339.

DRUVIETIS I, SPRINGE G, URTANE L, et al, 1998. Evaluation of plankton communities in small highly humic bog lakes in Latvia［J］. Environment International, 24：595-602.

DUMONT H J, 1983. Biogeography of rotifers［J］. Hydrobiologia, 104：19-30.

DUSSART B H, FERNANDO C H, MATSUMURA-TUNDISIT, et al, 1984. A review of systematics, distribution and ecology of tropical freshwater zooplankton［J］. Hydrobiologia, 113：77-91.

FENG J S, 1999. Phytoplankton and waterquality in Baiyangdian［J］. Jiangshu Environment Science and Technology, 2：27-29.

GULATI R D, 1990. Zooplankton structure in the Loosdrecht lakes in relation to tropic status and recent restoration measures［J］. Hydrobiologia, 191（1）: 173-188.

GUO P T, LIN Y Z, LI Y X, 1997. Phytoplankton and waterquality in Dong ping Lake［J］. Transactions of Oceanology and Limnology, 4：37-42.

HABIB O A, TIPPETT R, MURPHY K J, 1997. Seasonal changes in phytoplankton community structure in relation to physico—chemical factors in Loch Lomond, Scotland［J］. Hydrobiologia, 350：63-79.

HAN B P, LIN X D, LI T, 2003. Research on the eutrophication of large and medium reservoirs in Guangdong Province and policy recommendations for its prevention［M］. Beijing：Science Press.

JINDAL R, THAKUR R K, SINGH UB, et al, 2014. Phytoplankton dynamics and water quality of Prashar Lake, Himachal Pradesh, India［J］. Sustain ability of Water Quality and Ecology,（3/4）: 101-113.

KATHERINE R M, ROCHELLE G L, MIKE C, et al, 2007. Phosphorus availability, phytoplankon community dynamics, and taxon—specific phosphorus status in the Gulf of Aqaba, Red sea［J］. Limnol Oceanogr, 52（2）: 873-885.

MARGLEF DR, 1958. Information theory in Ecology［J］. General Systems,（3）: 36-71.

REYNOLDS C S, 1984. The ecology of freshwater phytoplankton［M］. London：Cambridge University Press：314-319.

ROBERT E, 1977. A trophic state index for lakes［J］. Limology and Oceanogrophy, 22（2）: 361-369.

SANNA S, MARIA L, MAIJA H, 2006. Long-term changes in summer phytolankton communities of the open northern Baltic Sea［J］. Estuarin, Coastal and Shelf Science, 71（3/4）: 580-592.

SOBALLE D M, KIMMEL B L, 1987. A large-scale comparison of factors influencing phytoplankton abundance in rivers, lakes and impoundments［J］. Ecology, 68：1943-1954.

SOMMER U ED, 1989. Plankton Ecology, succession in plankton communities［M］. Berlin：Spring—

Verlag: 253–296.

SOUSA W, ATTAYDE J L, ROCHA EDAS, et al, 2008. The response of zooplankton assemblages to variations in the water quality of four man–made lakes in semi–arid northeastern Brazil[J]. Journal of Plankton Research, 30 (6): 669–708.

SUN J, LIU D Y, 2004. The application of diversity indices in marine phytoplankton studies[J]. Acta Oceanologica Sinica, 26 (1): 62–75.

TEMPONERAS M, KRISTIANSEN J, MOUSTAKA—GOUNI M, 2000. Seasonal variation in phytopankton composition and physical–chemical features of the shallow Lake Doirani, Macedonia, Greece[J]. Hydrobiologia, 424 (1/3): 109–122.

VADAS P A, KLEINMAN P J, SHARPLEY A N, et al, 2005. Relating soil phosphorus to dissolved phosphorus in runoff: a single extraction coefficient for water quality modeling[J]. Journal of Environmental Quality, 34 (2): 572–580.